KB047916

애튼버러가 들려주는 극지 생물 이야기

애튼버러가 들려주는 극지 생물 이야기

초판 1쇄 발행일 | 2010년 12월 27일
초판 10쇄 발행일 | 2021년 5월 28일

지은이 | 장순근
펴낸이 | 정은영
펴낸곳 | (주)자음과모음

출판등록 | 2001년 11월 28일 제2001-000259호
주　　소 | 04047 서울시 마포구 양화로6길 49
전　　화 | 편집부 (02)324-2347, 경영지원부 (02)325-6047
팩　　스 | 편집부 (02)324-2348, 경영지원부 (02)2648-1311
e-mail | jamoteen@jamobook.com

ISBN 978-89-544-2214-7 (44400)

• 잘못된 책은 교환해드립니다.

애튼버러가 들려주는

극지 생물 이야기

| 장순근 지음 |

소중하니까!

(주)자음과모음

애튼버러를 꿈꾸는 청소년을 위한 '극지 생물' 이야기

생물은 식물이든 동물이든 생명이 있어 스스로 늘어나고, 환경에 적응해 살아간다는 점에서 대단히 귀중한 존재입니다. 생물체는 아주 오래전에 지구 상에 태어났고, 지금은 헤아릴 수 없을 정도로 많은 종이 있습니다.

생물의 대부분은 남아메리카의 아마존 강 유역처럼 덥고, 비가 많이 오는 곳에 있습니다. 그러나 극지에는 동물의 종이 많지 않은 대신, 몸집이 아주 큰 동물들이 있습니다. 북극곰이나 바다코끼리, 그리고 알래스카 주에서 잡히는 킹크랩이나 핼리벗이 그 예입니다.

극지는 춥고, 멀어서 우리가 가기 힘들 뿐이지 생물이 없는 것은 아닙니다. 그 환경에 적응하여 살아가는 생물이 꽤 있습니다. 또한 사람들은 옛날부터 극지의 생물을 이용하기도 했습니다. 털, 가죽, 기름 등을 이용하기 위해 고래, 남극물개, 그리고 해표 같은 극지의 생물들을 잡았습니다. 하지만 최근에는 그들의 멸종을 막기 위해 보호하고 있습니다.

이 책에서는 금세기 가장 위대한 자연 과학 다큐멘터리 방송인인 애튼버러가 여섯 번의 수업을 통해 극지의 생물에 대한 이야기를 들려줍니다. 먼저 남북극의 환경과 생물을 소개하고, 다른 점과 비슷한 점을 알아본 다음, 극지 생물의 이용과 연구되고 있는 사항들을 알아봅니다. 그리고 최근 환경변화에 따른 극지 생물의 움직임과 극지 생물을 포함한 생물들의 멸종을 쉽고 재미있게 설명합니다.

이 책은 여러 사람이 연구한 것을 정리한 것으로 그분들의 힘이 아주 큽니다. 또 이 책이 나오기까지 (주)자음과모음의 편집부도 많은 힘을 보탰습니다. 편집부의 연구와 출판사의 노력이 없었다면 이 책은 세상에 나오지 못했을 것이므로 그분들께도 깊이 감사드립니다.

장 순 근

차례

1 첫 번째 수업
남극의 환경과 생물 ◦ 9

2 두 번째 수업
북극의 환경과 생물 ◦ 39

3 세 번째 수업
남북극의 다른 점과 같은 점 ◦ 65

4 네 번째 수업
지구의 기후 변화와 극지 생물 ○ 89

5 다섯 번째 수업
극지 생물의 이용과 연구 ○ 117

6 마지막 수업
멸종된 동물들 ○ 139

부록

과학자 소개 ○ 164
과학 연대표 ○ 166
체크, 핵심 내용 ○ 167
이슈, 현대 과학 ○ 168
찾아보기 ○ 170

첫 번째 수업 1

남극의 환경과 생물

남극의 환경은 어떨까요?
그리고 그 환경에 적응해 살고 있는 생물에는 어떤 것들이 있을까요?
남극의 환경과 생물을 알아봅시다.

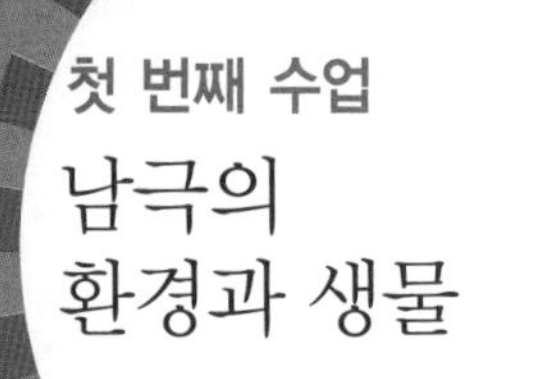

첫 번째 수업

남극의 환경과 생물

교과연계		
교.	초등 과학 3-2	2. 동물의 세계
과.	초등 과학 6-1	3. 계절의 변화
연.	중등 과학 1	4. 생물의 구성과 다양성
계.	고등 지학 I	1. 하나뿐인 지구
	고등 생물 II	4. 생물의 다양성과 환경

애튼버러가 밝은 표정으로 자신을
소개하며 첫 번째 수업을 시작했다.

안녕하세요, 나는 영국의 자연 다큐멘터리 제작자이자 방송인인 애튼버러예요. 아마 여러분은 한 번쯤 나를 TV에서 본 적이 있을 거예요. 나는 평생을 생물 관련 다큐멘터리의 내레이터로 활약했거든요. 아프리카 탄자니아의 세렝게티 같은 대자연에서 동식물의 다양한 모습을 여러분에게 전달하는 일을 했었지요.

이러한 경험을 바탕으로 앞으로 여섯 번의 수업을 통해 여러분과 극지의 생물을 알아보려고 해요. 준비되었나요?

__ 네, 선생님!

남극의 정의

__ 선생님, 남극이 지구의 남쪽이라는 것은 알겠는데 정확히 어디가 남극인가요?

__ 남극은 엄청 춥다는데 생물이 살 수 있나요?

하하, 남극에 대해 궁금한 것들이 참 많군요. 그렇다면 정확히 어디가 남극인지부터 알아봅시다. 남극 조약에 따르면 남극은 남위 60°의 남쪽입니다. 그러므로 남극 대륙과 그 주변의 섬들이 남극이 되는 것이지요. 남극 대륙은 남극 대륙 본토와 남극 반도, 1년 내내 얼어붙은 빙붕으로 되어 있습니다.

한 학생이 손을 들어 질문했다.

__ 선생님, 빙붕이 무엇인가요?

남극 대륙을 덮은 얼음은 바다에 들어와서 녹지 않고 넓고 두꺼운 얼음판을 만드는데 이것을 빙붕이라고 합니다. 빙붕의 두께는 300~900m 정도이며 1년 내내 얼어 있으므로 땅이나 마찬가지지요.

사실 남위 60°는 사람이 정한 남극이고, 대자연이 만든 남

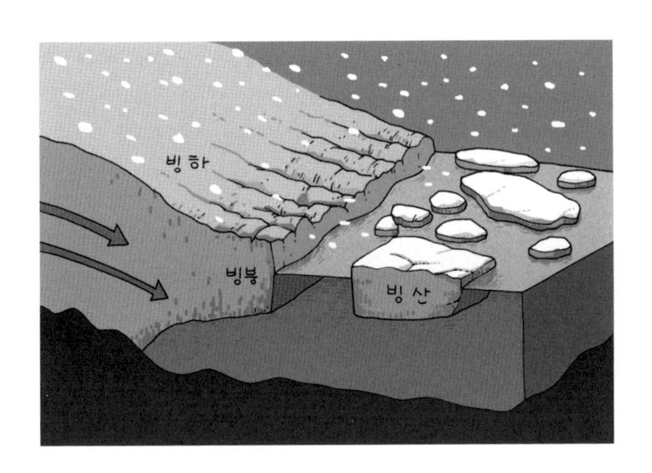

극은 조금 다릅니다. 남쪽의 찬 바닷물이 북쪽의 덜 찬 바닷물과 만나는 곳을 남극 수렴선이라고 하는데, 이 선은 바다에 따라 달라 울퉁불퉁합니다. 이때 남극 수렴선의 남쪽이 대자연이 만든 남극으로, 남극의 생물과 관련된 조약에서는 남극 수렴선의 남쪽까지를 남극으로 생각합니다.

남극의 환경

남극의 날씨는 어떨까요?

__ 대단히 추워요!

맞아요. 그러나 남극 전체가 추운 것은 아닙니다. 남극 중에서도 대륙성 남극, 즉 남극 대륙의 안쪽 지역이 매우 춥습니다. 남극에서 측정된 가장 낮은 온도는 −89.2℃로 1983년 7월 21일, 높이 3,488m의 러시아 보스토크 기지에서 잰 것입니다. 이 기지의 연평균 온도는 −55.4℃로 −20℃만 되어도 아주 높은 기온인 셈이지요. 따라서 이곳에서는 물을 만드는 것도 큰 일입니다. 온도가 0℃보다 높은 실내에 얼음을 두어 물을 만들어 써야 하거든요.

반면 해양성 남극, 즉 남극 반도의 북쪽과 해안은 그렇게 춥지 않습니다. 예를 들어 한국의 세종 기지가 있는 곳은 온도가 가장 낮았을 때 −25.6℃였으며, 12월부터 다음 해 3월까지는 월평균 기온이 영상으로 비가 오고 물이 흐릅니다. 물론 바람이 세서 몸으로 느끼는 온도는 훨씬 낮지만요. 하지만 남극 전체로 보면 기온이 영상으로 올라가는 지역이 좁고, 시간이 짧아 물은 거의 없다고 보아야 합니다.

남극의 넓이는 1,362만 km^2로 한반도의 62배가 넘으며 중국의 1.4배 정도가 됩니다. 남극은 본초 자오선(지구의 경도를 결정하는 데 기준이 되는 자오선)을 기준으로 동남극과 서남극으로 나눕니다. 이때 동남극이 서남극보다 넓고, 얼음도 두꺼우며 기온이 더 낮습니다.

남극의 최고봉은 서남극에 있는 빈슨 매시프 산으로 높이가 4,897m입니다. 남극 대륙을 가로지르는 남극 종단 산맥은 높이가 2,000~2,500m 정도이며 산맥의 동쪽을 '큰 남극', 서쪽을 '작은 남극'이라고 부릅니다.

남극 대륙의 해안은 바람이 아주 셉니다. 바람이 가장 센 곳은 연평균 풍속이 초속 22.2m이며 이곳에서는 제대로 서서 다니지 못하고, 몸을 숙이거나 기어 다녀야 합니다. 센 바람이 불면 바람에 눈과 얼음과 가루가 섞여 앞이 보이지 않는 눈보라가 됩니다. 이때는 무조건 바람을 피해야지, 움직이다가는 생명을 잃는 수도 있습니다.

남극의 대부분은 연중 얼음과 눈으로 덮여 있어 바위가 노출되는 지역은 아주 좁습니다. 따라서 해안이나 높은 봉우리를 빼고는 바위가 드러나는 곳이 많지 않습니다. 해안 대부분은 빙벽, 암벽, 빙하, 빙붕으로 되어 있으며 바위나 돌덩이, 그리고 자갈로 된 해안은 얼마 되지 않지요. 지면도 자갈이나 바위가 깨어진 날카로운 자갈로 되어 있으며 얼음에 밀려온 바위와 자갈, 모래와 진흙으로 덮여 있습니다.

한 학생이 궁금한 표정을 지으며 질문했다.

__ 선생님, 남극은 얼음과 눈으로 덮여 있으니 눈이 무지 많이 올 것 같아요. 정말 그런가요?

남극이 얼음과 눈으로 덮여 눈이 많이 올 것 같아도 강수량으로 바꾸면 그렇게 많지 않습니다. 눈이 많이 오는 해안의 강수량은 200～500mm 정도이고, 남극 대륙의 안쪽은 50mm가 되지 않아 사하라 사막보다 건조합니다. 따라서 남극은 '하얀 사막' 이나 다름없지요.

이번에는 남극의 얼음을 알아볼까요? 남극 대륙을 덮은 얼음의 평균 두께는 2,160m이며 가장 두꺼운 곳은 4,800m 정도가 됩니다. 이 얼음이 녹는다면 전 세계의 바다가 60m 정도 높아지게 되지요. 남극 대륙의 평균 높이는 2,500m로 대륙 가운데 가장 높으며, 이 얼음의 아래에는 높이 300～400m의 땅이 있습니다.

빙붕 가운데 가장 큰 빙붕은 동남극과 서남극을 걸치는 로스 빙붕으로 한국의 2배 정도의 넓이입니다. 이 빙붕은 연 1.5km의 속력으로 북쪽으로 흘러가다 깨어져 책상처럼 반듯한 탁상형 빙산이 됩니다.

또한 남극 대륙을 덮는 넓은 얼음은 빙상이라고 하며, 빙상 아래에는 놀랍게도 호수가 있습니다. 지금까지 발견된 140개 정도의 호수 가운데 가장 큰 호수는 러시아 보스토크 기지 아래에 있는 보스토크 호수로 넓이가 한국 경기도의 약 1.5배 입니다.

남극 대륙은 두꺼운 얼음으로 덮여 있어도 그 아래에는 바위가 있어서 일반 대륙에서 나타나는 지질 현상이 모두 나타납니다. 예를 들면, 남극에도 활화산과 온천이 있고 석유와 금, 은과 구리뿐만 아니라 산출량이 매우 적은 희유원소, 철과 석탄 같은 지하자원이 있습니다. 또한 공룡과 암모나이트의 화석도 발견되지요. 남극의 대표적인 활화산은 동남극에 있는 에레부스 화산과 서남극의 디셉션 섬이며, 온천은 디셉션 섬의 해안에 있습니다.

한 학생이 손을 들어 질문했다.

__ 선생님, 남극에서는 6달이 밤, 6달이 낮이라고 하는데 정말 그런가요?

남위 66.5°의 남쪽으로 가면 하루의 낮 또는 밤의 비율이 일반적이지 않은 곳이 있습니다. 이 현상은 남쪽으로 갈수록 심해져서 남위 79° 정도에서는 낮과 밤, 밤낮이 있는 날이 각각 4달 정도 되지요. 즉 10월 하순부터 2월 하순까지는 태양이 지지 않으며, 2월 하순부터 4월 하순까지는 태양이 뜨고 집니다.

그러나 4월 하순 지평선 아래로 내려간 태양은 8월 하순이 되어야 나타나지요. 그리고 다시 나타난 태양은 10월 하순까지 뜨고 집니다. 또한 남위 90°, 즉 남극점에서는 9월 하순부터 3월 하순까지는 하루 종일 태양이 떠 있고, 3월 하순부터 9월 하순까지는 태양이 나타나지 않습니다.

__ 그렇다면 한국의 세종 기지가 있는 곳은 어떤가요? 궁금해요.

남극 세종 기지는 남위 62° 13′에 있으므로 매일 태양이 뜨고 집니다. 그러나 12월 21일에는 태양이 오후 11시에 졌다가 다음 날 오전 3시경에 뜨기 때문에 오전 1시는 한밤중이지만 전등 없이 신문을 읽을 수 있습니다. 반면 6월 21일에는 오전 10시경에 떠오른 태양이 오후 2시 정도면 집니다. 이렇게 남극 세종 기지는 워낙 북쪽에 있어서 밤과 낮의 길이가 남위 66.5°의 남쪽에 있는 기지와는 다릅니다.

과학자의 비밀노트

세종 기지

세종 기지는 서남극 남셰틀랜드 군도 킹조지 섬에 있는 한국의 기지이다. 1988년 2월 17일에 문을 열었으며 현재(2010년) 23차 월동 연구대 18명이 이곳에 있다. 월동 연구대란 1년 내내 기지를 지키면서 기지 주변의 자연환경을 관찰하고 기록하는 일을 하는 사람들을 말한다.

애튼버러가 밤하늘을 바라보며 이야기했다.

여러분, 혹시 오로라가 무엇인지 아나요? 오로라란 지자기에 끌려 들어온 전기를 띈 입자들이 공기 분자와 부딪쳐서 내는 아름다운 빛입니다. 한밤중 어두운 하늘에서 퍼렇게 빛나거나 초록색으로 나타났다 갑자기 사라지지요.

__ 우아, 저도 오로라를 보고 싶어요.

남극의 오로라는 지자기 남극점을 중심으로 반지름 3,000km 정도의 원형 지대, 즉 오로라 지대에서 잘 보입니다. 오로라 지대는 동남극을 중심으로 서남극도 조금 포함되며 러시아 보스토크 기지나 오스트레일리아 기지에서 아주 잘 보입니다. 반면 세종 기지는 오로라 지대에서 아주 멀어 오로라를 보기는 매우 힘듭니다. 더구나 세종 기지는 바닷가에 있어 흐린 날이 아주 많지요.

과학자의 비밀노트

지자기 남극점

지자기 남극점이란 지구 자전축으로부터 10.3° 기울어져 있다고 상상되는 막대자석이 지면과 만나는 남쪽 극점이다. 지자기 남극점은 남위 78° 30′, 동경 111°로 러시아 보스토크 기지 부근이며 오로라 지대는 지자기 남극점과 지자기 북극점을 중심으로 생긴다.

남극의 생물

남극물개와 해표

남극에 있는 척추동물 가운데 여러분이 제일 잘 알고 있는 동물은 무엇인가요?

_ 남극물개와 해표요.

그래요. 물개는 남극물개 1종이 있고 해표는 웨들해표, 코끼리해표, 표범해표, 크랩이터해표, 로스해표 이렇게 5종이 있습니다.

남극물개와 해표는 어떻게 다를까요? 먼저 남극물개는 몸이 날씬해서 허리를 세워 네 지느러미로 걷거나 뛰어다닙니다. 물개의 몸이 날씬하다는 말은 지방이 적은 대신 털이 아주 따뜻하다는 뜻입니다. 남극물개의 털은 이중으로 되어 있으며 겉의 긴 털은 물기를 막고, 속의 짧은 솜털은 몸을 따뜻하게 한답니다.

_ 남극물개는 무엇을 먹고 사나요?

남극물개는 주로 크릴과 물고기를 먹고 사는데, 가끔 펭귄을 잡아먹을 정도로 바늘처럼 날카로운 송곳니를 가지고 있습니다. 남극물개는 자신이 둘러싸여 공격을 당한다고 생각

남극물개(좌)와 코끼리해표(우)

하면 무섭게 덤벼듭니다. 그러므로 남극물개를 구경할 때에는 산 쪽에 서서 달아날 길을 열어 주어야 합니다. 그리고 남극물개는 작은 귓바퀴가 있습니다. 귓바퀴가 작아도 소리를 듣는 데는 문제가 없지요. 또 잠을 잘 때는 몸을 둥글게 말고 잡니다.

__ 해표는 어떤가요?

해표는 몸이 뚱뚱해서 허리를 세우지 못하고 기어 다니기 때문에 땅에서는 행동이 느립니다. 또 잠을 잘 때, 몸을 둥글게 말지 못하고 늘어져서 자지요. 해표는 귓바퀴가 없어도 고실융기가 커 소리를 듣는 데는 문제가 없습니다.

해표의 털은 어떤지 알아볼까요? 해표의 털은 아주 짧아

과학자의 비밀노트

고실융기

고실융기는 귓구멍을 통해 들어온 음파를 안쪽 귀로 전달하는 가운데귀로 둥글거나 둥그스름하게 솟아 있는 뼈와 신경으로 된 기관이다. 해표의 고실융기는 뚜렷하고 불룩하지만, 남극물개의 고실융기는 작고 평탄하다.

몸을 따뜻하게 하지 못합니다. 대신 지방층이 두툼해 추운 남극에서도 잘 살 수 있지요. 그중 코끼리해표는 기름이 워낙 많아 기름을 모으는 사람들 때문에 한때 멸종될 뻔했습니다. 길이가 6m, 몸무게가 3.5톤 정도인 코끼리해표는 수컷 1마리에서 약 700L의 기름이 나오거든요.

__ 표범해표는 이름처럼 정말 무섭나요?

네, 실제로 무섭습니다. 표범해표는 크릴도 먹지만 주로 남극물개나 펭귄, 물고기 또는 다른 해표를 잡아먹고 삽니다. 크고 날카로운 송곳니가 있으며 앞니가 있는 턱이 크고, 머리가 큼직하며 등이 불룩한 표범해표는 주로 얼음 위에 살며 호기심이 많아 사람들이 타는 고무보트를 따라다닙니다. 가끔 사람에게 덤벼들었으나 2003년 7월, 영국 로드라 기지의 생물학자 브라운(Kirsty Brown, 1974~2003)을 물어 죽이기 전에는 사람을 죽인 기록이 없습니다. 당시 브라운은 수심 70m까지 끌려 들어가면서 피를 많이 흘렸고, 결국 질식하여 죽었답니다.

__ 그런데 수심 70m까지 끌려갔다는 것은 어떻게 알았나요?

아, 잠수복에 붙어 있는 수심계에 수심이 기록되었기 때문입니다.

이번에는 크랩이터해표를 알아볼까요? 크랩이터해표는 'crab-eater'로 글자 그대로 보면 게를 먹는 해표입니다. 그러나 여기에서 말하는 게는 우리가 생각하는 게가 아니라 크릴을 뜻합니다. 옛날 사람들은 크릴을 '헤엄치는 게'라고 불렀기 때문입니다.

크랩이터해표의 몸에는 평행한 두 줄의 흔적이 많은데 이는 표범해표의 이빨 흔적입니다. 조사된 바로는 70%에 이르는 크랩이터해표의 몸에 그런 흔적이 있답니다. 모두 구사일생으로 살아난 자국이라고 할 수 있지요. 크랩이터해표는 주로 크릴을 먹기 때문에 송곳니가 그렇게 크지도 않고 강하지도 않습니다.

과학자의 비밀노트

물개와 해표의 송곳니

남극물개 및 해표는 송곳니를 옆으로 잘라 보면 나이를 알 수 있다. 즉, 나이에 따른 둥근 테가 보이기 때문이다. 또 이빨의 성분을 조사하면 그들이 살았던 환경도 알 수 있다.

펭귄

펭귄이 날지 못한다는 것은 모두 알고 있지요?

__ 네, 선생님!

날지 못하고 뒤뚱뒤뚱 걸어 웃음을 자아내는 펭귄은 지상에 모두 17종이 있습니다. 그 가운데 5종이 남극에서 번식하고, 2종이 남극의 바로 북쪽에서 번식하므로 보통 남극에 7종이 산다고 말하지요. 남극에서 번식하는 5종은 황제펭귄과 젠투펭귄, 아델리펭귄, 턱끈펭귄, 마카로니펭귄이고, 남극 바로 북쪽에 사는 펭귄은 임금펭귄, 바위뛰기펭귄입니다.

가장 큰 황제펭귄은 키가 1m, 몸무게가 40kg을 넘습니다. 부리가 아주 길고 점잖게 걸으며 1개의 알만을 낳지요. 수심 250m까지 잠수하는 황제펭귄은 주로 오징어를 잡아먹고 삽니다. 젠투펭귄은 눈 위의 하얀 삼각형과 주황색 부리로 쉽게

황제펭귄(좌)과 아델리펭귄(우)

알아볼 수 있으며, 남극에 가장 많은 아델리펭귄은 눈 주위만 하얀 단추 같고 온몸이 새까맣습니다. 턱끈펭귄은 목둘레에 검은 테가 있으며 성격이 사납고, 마카로니펭귄은 눈 위에 노란 깃이 있습니다. 앞의 4종은 키가 50~60cm, 몸무게가 4.5~5kg 정도이지요. 또한 임금펭귄은 황제펭귄처럼 부리가 길지만 키가 작고 몸이 훌쭉하며 얼굴과 목이 노랗습니다. 바위뛰기펭귄은 눈 위에 깃이 있지요.

__ 펭귄은 어떻게 번식하나요?

황제펭귄은 남반구의 겨울이 시작될 때 알을 낳습니다. 먼저 수컷이 알을 품고, 알이 깰 때쯤 암컷이 나타납니다. 그제야 몸무게가 40% 정도 줄어든 수컷은 먹이를 먹으러 가지요.

과학자의 비밀노트

포란반

포란반이란 펭귄의 아랫배 가운데에 있는 맨살로 알을 감싸는 부분을 말한다. 펭귄은 1~2개의 알을 낳아 솜털보다 더 따뜻한 이곳에서 알을 부화시킨다. 반면 닭을 포함하여 여러 개의 알을 품고 따뜻한 곳에서 사는 새들은 보드랍고 따뜻한 솜털로 알을 부화시킨다. 이것은 새들이 사는 곳과 낳는 알의 숫자에 따라 알을 품는 방식이 다르게 발달했다는 것을 보여 준다.

다른 펭귄들은 남극에 봄이 시작할 때 군서지(새나 포유동물이 모여서 사는 곳)에서 짝짓기를 하고 알을 낳은 다음, 암수가 협동하여 알을 품습니다. 이때 펭귄은 자신의 몸에서 가장 따뜻한 발등 위에 알을 올려놓고 포란반에서 부화합니다.

__ 펭귄은 따뜻한 털도 없는데 춥지 않을까요?

__ 저는 펭귄이 헤엄을 칠 수 있다는 게 신기해요.

펭귄의 껍질에 촘촘하게 나 있는 깃은 완전한 방수이며 두툼한 지방층이 추위를 막아 줍니다. 그리고 몸은 유선형이고 지느러미가 아주 억세기 때문에 물속에서 헤엄을 아주 잘 칩니다. 펭귄은 물속에서 헤엄치며 사는 새이지 물에 떠서 사는 새가 아닙니다. 그러므로 펭귄의 뼈는 다른 새의 뼈와 달리 속이 꽉 차 있어서 몸을 무겁게 만들어 가라앉힙니다. 또한 펭귄의 배는 하얀색이고 등과 지느러미는 검은색이므로 위에서 보면 바닷물 색, 아래에서 보면 하늘의 색으로 완전한 보호색을 띠고 있습니다.

겨울이 되면 집단 서식지를 떠나 멀리 가는 펭귄도 있고, 그렇지 않은 펭귄도 있습니다. 예컨대, 세종 기지 부근의 턱끈펭귄은 집단 서식지에서 1,600km 정도 떨어진 곳까지 갑니다. 반면 젠투펭귄은 200～300km 정도 떨어진 곳으로 가기 때문에 한겨울에도 기지 부근에서 볼 수 있지요. 남반구의 봄이 시작되면 수천 마리의 젠투펭귄이 먼저 돌아오고, 2～3주 뒤 턱끈펭귄이 돌아옵니다.

펭귄은 5천～6천만 년 전에 중위도에서 살았던 물새가 바닷속에서 먹이를 잡다가 발달한 것으로 보입니다. 화석을 보면 옛날의 펭귄은 사람보다 컸으며 훨씬 무거웠던 종도 있답니다.

남극의 여러 새들

__ 선생님, 남극에는 펭귄 말고 다른 새도 있나요?

네, 다른 새들도 많습니다. 그 가운데 하나가 바로 펭귄을 잡아먹고 사는 남극의 도적 갈매기 스쿠아입니다. 온몸이 진

한 갈색인 스쿠아는 눈빛이 사납고 울음소리가 아주 크기 때문에 처음 보는 사람도 평범한 새가 아니라는 것을 알 수 있습니다.

스쿠아는 갈색스쿠아와 남극스쿠아가 있습니다. 갈색스쿠아는 주로 펭귄이나 다른 새의 알을 훔치거나 그들의 새끼를 잡아먹고 삽니다. 그래서 펭귄 집단 서식지보다 높은 곳에 둥지를 짓고 그들을 감시하지요. 반면 남극스쿠아는 해변에 밀려온 해초 더미에서 먹이를 찾습니다.

스쿠아는 땅을 오목하게 파서 둥지를 짓고, 알을 2개 낳습니다. 방금 깨어난 새끼는 진한 갈색이며 사람을 쪼을 듯이 위협해, 야성을 드러냅니다. 어미 스쿠아는 먹을 것이 없을 때에는 자신의 새끼를 잡아먹는 것으로 알려져 있지요.

부리가 주황색이고 연한 회색의 남극제비갈매기는 하늘 높은 곳에서 재재거려, 마치 회색제비를 보는 듯한 기분이 듭니다. 남극제비갈매기는 남극에 있는 새 중 몸집이 작은 편으로 스쿠아가 나타나면 수백 마리가 무리를 지어 함께 쫓아냅니다. 이 새는 물이나 얼음 주변에서 크릴을 건져 먹고, 알을 2개 낳습니다.

핀타도페트렐은 몸이 알록달록해서 처음 보는 사람도 쉽게 알아봅니다. 이 새는 사람이 올라가기 힘든 높은 바위의 틈에 1개의 알을 낳지요. 또한 윌슨바다제비라고 불리는 윌슨스톰페트렐의 작고 까만 몸매는 제비를 연상시킵니다.

지금까지 소개한 새들은 모두 몸이 검거나 회색이며, 남극의 봄이 되면 수백 마리가 한꺼번에 둥지를 지을 곳으로 흩어집니다. 반면 남극이 겨울로 들어서 땅이 눈으로 덮이기 시작하면 모두 떠나지요. 그중에서도 스쿠아는 펭귄이 오면 나타나고 펭귄보다 먼저 떠납니다. 펭귄은 그들의 먹이니까요. 이런 점에서 새들은 환경의 변화를 잘 알아차린다고 볼 수 있습니다.

남극에 있는 새 중 자이언트페트렐은 날개를 폈을 때의 폭이 1.8~2.1m 정도입니다. 이 새는 높은 바위 위에 둥지를 짓고 1개의 알을 낳습니다. 사람이 가까이 다가가는 경우에는 기름의 일종인 푸른색의 액체를 뿜는데, 냄새가 역하고 잘 없어지지 않습니다.

또한 남극에는 부리 끝이 노란 도미니카갈매기 또는 켈프갈매기라 부르는 갈매기가 있습니다. 태어난 지 1년 된 이 새의 새끼는 갈색 반점이 많으며, 사람이 가까이 가기 힘든 바위나 발길이 드문 평지에 둥지가 있습니다. 갈매기는 펭귄과 달리 물 위에서 사는 새이기 때문에 새끼 때부터 물로 달아납니다. 반면 펭귄은 수영을 배우기 전까지는 물로 달아나지

못하지요.

키가 크고 몸이 검은 파란 눈의 가마우지를 아나요? 이 새가 날아가는 것을 보면 마치 펭귄이 나는 것 같은 착각을 하게 됩니다. 이 새는 바다가 어는 남극의 겨울에도 물이 있는 곳, 예컨대 물살이 빨라 얼지 않은 곳 주변에 모여서 삽니다. 이 새뿐만 아니라 자이언트페트렐, 도미니카갈매기도 남극의 겨울에 살던 곳을 떠나지 않습니다.

남극의 물고기

__ 선생님, 남극의 바다에도 물고기가 있겠죠?

그럼요! 남극에도 물고기가 있습니다. 가장 많은 물고기 중 하나가 바로 남극대구입니다. 머리가 크고 검거나 주황색인 팔뚝 크기의 이 물고기는 수심 약 10m에서 삽니다. 날씨가 좋으면 세종 기지에서는 가끔 낚시로 이 물고기를 잡기도 하는데 그곳의 연구원들은 이석을 끄집어내고 비늘, 간 같은 것을 연구 자료로 모아 둡니다.

남극에서 잡히는 물고기 중 하나가 바로 메로입니다. 메로의 정식 이름은 파타고니아이빨고기로 맛이 아주 좋아, 참치보다 비싼 고급 생선입니다. 살에 기름이 많고 하얀색인 이 물고기는 남극의 아주 깊은 바다에서 잡힙니다.

과학자의 비밀노트

이석

물고기가 헤엄칠 때, 평형을 유지하도록 하는 기관으로 머리 뒤 양쪽에 있는 하얗고 단단한 뼈를 말한다. 이석에 있는 테로는 물고기의 나이를 알 수 있고, 이석의 성분으로 물고기가 성장했던 환경을 알 수 있어 좋은 연구 자료가 된다. 이석은 멸치를 포함한 모든 물고기에 있다.

남극에 있는 물고기들은 천천히 크기 때문에 아무리 맛이 좋고 많아도, 한꺼번에 잡으면 안 됩니다. 따라서 메로를 포함한 남극의 물고기들은 해마다 잡을 양을 정해 놓고 잡아야 합니다.

남극의 고래

__ 선생님, 고래가 바닷물을 들이마시면 바다가 낮아진다는 것이 사실인가요?

하하, 그건 나도 어렸을 때 많이 들었던 이야기입니다. 하지만 고래가 물을 들이마신다고 바다가 낮아지지는 않습니다. 고래가 크다는 것을 비유한 말이지요.

그렇다면 남극의 고래를 알아볼까요? 남극에는 혹등고래를 비롯해, 몸집이 가장 큰 대왕고래와 밍크고래가 있으며

향유고래와 범고래도 있습니다. 앞의 3종은 수염고래이고, 뒤의 2종은 이빨고래이지요.

지느러미가 아주 크고 바다 위를 멋있게 뛰어오르는 혹등고래는 물속에서 내는 울음소리로 유명합니다. 대왕고래는 몸집이 큰 만큼 천천히 늘어나 고래를 보호하려는 사람들의 속을 태우지요. 반면 몸집이 작은 밍크고래는 아주 빨리 번식하여 그 수가 상당히 많습니다. 따라서 수십만 마리나 되는 밍크고래를 잡자는 말도 나옵니다.

머리가 아주 큰 향유고래는 주요 먹이인 오징어의 부리가 향유고래의 창자에 모여 발효되면서 생긴 용연향으로 유명합니다. 용연향은 사람의 손톱, 발톱을 만드는 성분인 키틴

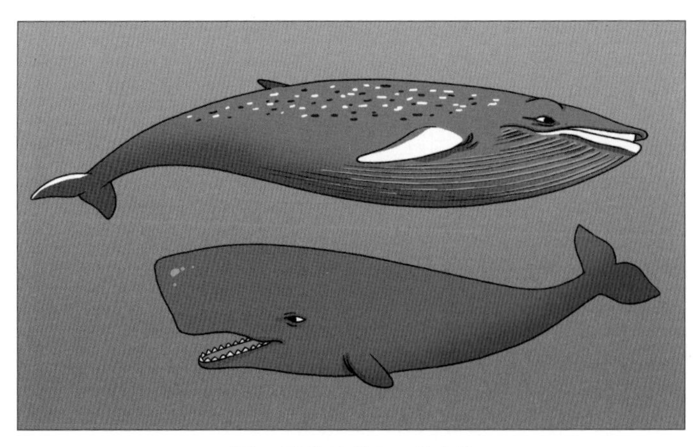

대왕고래(위)와 향유고래(아래)

질로 된 오징어의 단단한 부리가 수천 개 모여 썩은 덩어리입니다. 이것은 향료를 만들 때 재료가 되기 때문에 아주 비싼 값에 팔립니다. 따라서 향유고래가 가끔 용연향을 뱉을 때 이것을 주우면 횡재하는 것이지요.

등지느러미가 삼각형인 범고래는 해표나 남극물개, 펭귄 및 다른 고래들을 잡아먹는 무서운 고래입니다. 머리가 좋은 범고래는 암수가 협조하여 얼음 위에 올라앉은 해표를 떨어뜨려 잡아먹습니다. 또 무리를 지어 다니며 공격하지요.

척추가 없는 동물

__ 선생님, 그렇다면 남극의 그 많은 동물들은 무얼 먹고 사나요?

바로 크릴을 먹고 삽니다. 크릴은 언뜻 보면 새우처럼 생겨 남극새우 또는 크릴새우라고 부르지만, 정확하게 말하면 일생을 물에 떠서 사는 동물 플랑크톤입니다. 즉, 새우와 사는 방식도 다르고 아가미가 바깥에서 보이는 등 모양도 다릅니다. 이렇게 길이가 3~5cm 정도인 크릴은 워낙 수가 많아 남극의 모든 생물을 먹여 살린다고도 말할 수 있습니다.

파도가 심하게 친 다음 날 아침, 바닷가에는 해초들이 많이 밀려옵니다. 그 속에는 불가사리도 있고, 등각류(등과 배가 단

단한 껍데기로 둘러싸인 다리가 8개인 동물)도 있지요. 또한 남극의 물속에는 다른 바다와 마찬가지로 해삼, 성게도 있습니다. 그리고 깊이가 수백 m가 넘는 깊은 바다에는 5개의 긴 다리가 있는 거미불가사리도 있습니다. 한편 모래 속에 있는 큰띠조개는 바다의 성장 속도와 오염 상태를 연구하는 데 좋은 자료가 됩니다.

남극의 여름, 민물 가에는 곤충도 보입니다. 모기보다 훨씬 작지만 날개도 있지요. 또 흙 속이나 고래, 펭귄의 뼈 틈에는 진드기가 있습니다. 크기가 1~2mm 정도로 주의해서 보지 않으면 생물이 있다는 생각을 하지 못하지요. 흙 속에는 빨간색의 아주 작은 벌레도 있습니다. 이 동물들은 모두 척추가 없으며, 어떻게 남극의 추위를 이기고 사는지에 대한 연구에 필요합니다.

식물들

__ 계속 남극의 동물에 관해 얘기해 주셨는데요. 남극에 나무 같은 것은 없나요?

네, 남극에 나무는 없습니다. 대신 지의류와 이끼가 아주 많지요. 지의류란 곰팡이 계통의 균과 조류(세포가 1개인 단순한 식물)가 공생해서 살아가는 생물입니다. 반면 이끼는 광합성을 하여 태양의 힘으로 살아가는 식물이므로 초록색이며 뿌리와 줄기, 잎이 있습니다. 지의류나 이끼가 남극 대륙에도 있어 그들의 생명력이 아주 강하다는 것을 알 수 있지요.

남극에서 꽃이 피는 식물에는 남극좀새풀과 남극개미자리가 있습니다. 남극좀새풀은 잔디 계통의 식물이며 남극개미자리의 꽃은 너무 작아 확대경 없이는 볼 수 없습니다. 이렇게 꽃이 피는 식물은 대륙에는 없고, 남극 반도 쪽의 섬에만 있습니다.

또한 남극에는 눈 위에서 자라는 눈조류가 있습니다. 눈 위에 먼지처럼 붉은색으로 보이는 것이 바로 둥근 세포를 가진 눈조류입니다. 눈조류는 주로 여름에 생장하며 가끔 초록색의 눈조류도 보입니다.

신기한 식물이 또 있습니다. 겨울 바다가 얼었을 때, 얼음 바닥이 갈색의 먼지로 덮여 있는 것처럼 보일 때가 있는데 그것은 먼지가 아니라 얼음에서만 생장하는 얼음조류입니다. 얼음조류는 초록색도 있고 누런색도 있습니다.

남극의 식물들은 생장 속도가 아주 느려 100년에 1cm를 큰다는 말이 있습니다. 그러므로 그린피스 같은 환경 보호 단체는 남극을 탐험하는 사람들에게 식물을 밟지 못하도록 합니다. 한 번 밟힌 식물이 제대로 생장하려면 10년이 넘게

남극개미자리

걸리기 때문입니다. 한편 남극의 식물들은 주로 여름에 생장하기 때문에 이때는 경치가 매우 아름답습니다.

과학자의 비밀노트

바위 표면 아래에 사는 생물

남극에 해가 잘 드는 바위의 표면 바로 아래에는 박테리아와 조류가 있다. 이 생물들은 눈이 녹아 만들어진 물, 태양열 그리고 바위가 녹아 생긴 광물질로 살아간다. 그러나 바위틈에 언제나 물, 태양열이 있는 것은 아니기 때문에 겨울에는 생장을 멈춘다. 이런 생물들의 작용으로 바위는 녹으면 얇게 한 겹씩 벗겨진다.

만화로 본문 읽기

우아, 여기가
남극의 세종 기지군요.
그래요. 세종 기지는
서남극 남셰틀랜드 군도
킹조지 섬에 있는
한국 기지예요.

그런데요, 남극이
지구의 남쪽이라는 것은
알겠는데 정확히
어디가 남극인가요?
남극 조약에 따르면 남극은
남위 60° 의 남쪽입니다.
그래서 남극 대륙과
그 주변의 섬들이 남극이
되는 것이지요.
남빙양
남극
남빙양

남극 대륙은 남극 대륙 본토와
남극 반도, 1년 내내 얼어붙은
빙붕으로 되어 있습니다.
빙붕이요?
그게 뭔가요?

빙붕은 남극 대륙을 덮은 얼음이 바다에
들어와서 녹지 않고 만드는 300~900m
두께의 넓은 얼음판을 말해요.
1년 내내 얼어 있어서
땅이나 마찬가지지요.
그렇군요.

선생님, 그런데
너무 추워요.
남극 반도의 해안가인 이곳의
온도는 가장 낮았을 때, −25.6℃
였어요. 하지만 남극 대륙 안쪽
지역에서 측정된 가장 낮은
온도는 무려 −89.2℃지요.
온도가 무려
−89.2℃야!
1988년 7월 21일, 높이 3,488m의 러시아 보스토크 기지

남극도 꽤 넓은가 보군요.
지역마다 온도 차이가 많이
나는 걸 보니 말이에요. 남극의
넓이는 얼마나
되나요?
남극의 넓이는
1,362만 km²로 한반도의
62배가 넘고, 중국의 1.4배
정도가
됩니다.
남극
중국
한반도

두 번째 수업 2

북극의 환경과 생물

북극의 환경은 어떨까요?
그리고 그 환경에 적응해 살고 있는 생물에는 어떤 것들이 있을까요?
북극의 환경과 생물을 알아봅시다.

2

두 번째 수업

북극의 환경과 생물

교과연계		
초등 과학 3-2	2. 동물의 세계
초등 과학 6-1	3. 계절의 변화
중등 과학 1	4. 생물의 구성과 다양성
고등 지학 I	1. 하나뿐인 지구
고등 생물 II	4. 생물의 다양성과 환경

애튼버러가 환하게 웃는 얼굴로 두 번째 수업을 시작했다.

우리는 지난 시간에 남극에 관해 알아보았습니다. 그렇다면 이번 시간에는 남극의 반대인 북극을 알아볼까요?

__ 저는 북극과 남극이 어떻게 다른지 궁금해요.

__ 저는 북극의 환경은 어떻고, 어떤 생물들이 사는지 알고 싶어요.

그래요, 북극은 아주 춥고 메말랐지만 땅과 바다에 여러 생물들이 살아가고 있습니다. 자, 그럼 우리 북극으로 떠나 보도록 해요. 준비되었나요?

__ 네, 선생님!

극에 대한 정의

여러분, 남극의 반대가 북극이라는 것은 알겠는데, 어디가 정확하게 북극인지 모르겠다고 생각하고 있나요?

__ 우아, 어떻게 아셨어요?

북극에 대한 정의는 여러 의견이 있지만, 보통 가장 더운 달인 7월의 평균 온도가 10℃를 넘지 않는 곳으로 정의합니다. 따라서 북극은 대개 북위 70°의 북쪽이며 베링 해협 부근에서 남쪽으로 내려와 그 북쪽의 땅과 바다를 가리킵니다. 그러므로 북극에는 시베리아 북쪽 연안과 알래스카 주, 캐나다 북쪽 연안과 그린란드의 상당 부분이 포함됩니다. 그러나

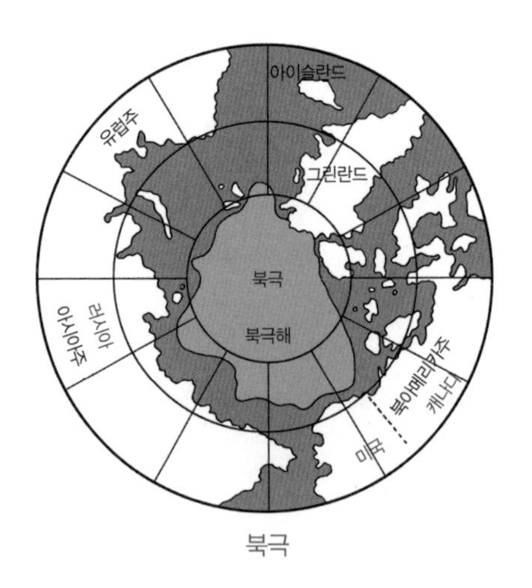

북극

북극의 대부분은 북극해라는 대양이 차지합니다.

북극해는 북극점을 중심으로 1,400만 km^2가 조금 되지 않는 거대한 바다로, 남극 대륙보다 조금 큽니다. 1년 내내 두께 0.6～4m의 얼음으로 덮여 있는 북극해는 여름에 해안 부근이 녹는데, 최근에는 지구가 더워지면서 상당히 빠르고 많이 녹습니다.

북극의 환경

북극은 남극과 비슷한 점도 있고 다른 점도 있습니다.

한 학생이 손을 들어 질문했다.

__ 북극의 어떤 점이 남극과 비슷한가요?

먼저 북극도 남극과 마찬가지로 태양열이 조금밖에 도달하지 않아 기온이 낮고 춥습니다. 북극에서 가장 추운 곳은 동부 시베리아 지역의 오이먀콘 마을로 기온이 －71.8℃이지만 남극보다는 높습니다. 북극의 기온이 남극보다 높은 이유는 다음 시간에 이야기하겠습니다.

또한 여름에 얼음과 눈이 녹고, 많은 식물이 생장하며 여러 동물이 서식한다는 점은 남극과 비슷합니다. 물론 식물, 동물의 종은 남극과 다르고 더 많지요. 북극의 여름에는 2~3주 정도 온도가 높이 올라가는 시기가 있는데, 이때를 이용해 북극에 있는 생물들은 짝짓기를 하거나 수정을 하여 후손을 퍼뜨립니다.

북극에 있는 식물 플랑크톤과 동물 플랑크톤은 북극해에 서식하는 동물의 먹이가 되고, 이것을 기초로 먹이 그물이 조성되어 생태계를 이룹니다. 나아가 북극해에는 갑각류와 연체동물, 어류 및 포유동물이 워낙 많아 이용 가치가 큽니다. 이런 점에서 북극해는 우리에게 아주 귀중한 곳이지요.

북극에는 지하자원도 많습니다. 따라서 개발 가능성이 아주 높지요. 하지만 북극의 지하자원에는 모두 주인이 있어서 제3자는 국제 협력이나 국제 공동이 아니고는 개발 사업에 참여하기가 쉽지 않습니다.

애튼버러가 갑자기 화제를 바꾸어 말했다.

지난 시간에 오로라에 대해 얘기했는데, 오로라는 남극에만 나타날까요?

__ 흠……, 글쎄요.

오로라는 남극에만 나타나는 것이 아닙니다. 북극 하늘에도 오로라가 나타나지요. 북극 오로라는 그린란드의 북서쪽을 중심으로 둥그스름한 북극 오로라 지역에서 잘 보입니다. 즉, 노르웨이 북쪽에서 캐나다 허드슨 만을 가로질러 알래스카 주의 포인트 배로우를 지나는 지역과 북부 시베리아에서 아주 잘 보이지요.

북극의 동물

북극곰

북극에는 약 20종의 포유동물이 있습니다. 그 가운데 가장 유명한 동물이 북극곰이지요. 북극곰은 전 세계에 약 2만~2.5만 마리가 있으며 대부분이 캐나다에서 서식합니다. 또한 러시아의 축치 해 브랑겔 섬과 추코카 반도를 중심으로 7천 마리가 서식하는 것으로 알려져 있습니다.

북극곰은 동면을 하지 않으며 날카로운 후각으로 얼음 속에 숨겨 놓은 해표의 새끼나 얼음판에 뚫린 숨구멍에 모여드는 흰고래를 잡아먹습니다. 북극곰은 헤엄을 아주 잘 치며

북극곰

주로 얼음 위에서 살아가지요.

과학자의 비밀노트

북극곰 보호

북극해 주변의 5개국, 즉 러시아, 미국, 캐나다, 노르웨이, 덴마크는 1973년에 북극곰 보호 협정을 맺어 북극곰을 보호하고 있다. 또한 러시아와 미국은 2000년에 '북극곰 개체 수 보존에 관한 협정'을 체결하여 북극곰을 보호할 수 있는 방안을 찾고 있는데, 미국은 최근 알래스카 주 52만 km^2를 북극곰 핵심 서식지로 지정하여 보호하고 있다. 러시아도 2010년 북극곰 보호 전략을 마련하여 곰이 사는 곳에 인간의 좋지 않은 영향을 줄여 나가기로 결정했다.

물개, 해표 그리고 바다코끼리

지난 시간에는 남극물개에 관한 이야기를 했죠? 그렇다면 북극에는 어떤 물개가 있을까요?

__ 북극물개가 있을 것 같아요.

맞아요, 북극에는 북극물개가 있습니다. 북극물개는 남극물개처럼 수컷이 암컷보다 크며 길이는 3~4m, 무게는 135~270kg 정도입니다. 북극물개는 19세기부터 20세기 초에 걸쳐 300만 마리 가운데 90% 정도가 죽음을 당했습니다. 그 이유는 북극물개의 가죽이 유난히 인기가 높았던 것에서 찾을 수 있습니다. 처음에는 일본과 러시아에서, 후에는 캐나다와 미국에서 사냥꾼들이 몰려왔습니다. 미국 사냥꾼은 알류샨 열도에서 살았던 원주민을 말하는데, 러시아의 모피 상인들이 물개를 잡으라고 보낸 사람들이지요.

북극에는 북극물개 말고도 물개와 비슷한 북방바다사자 또는 쉬텔러바다사자라 불리는 동물이 있습니다. 길이는 약 2.3~3m이며 무게는 270~680kg 정도 나가지요. 이 바다사자 새끼의 가죽도 인기가 좋아 1959년에서 1972년 사이에 4만 6천 마리 정도가 잡혔습니다. 이 때문에 1972년부터 보호 대책을 세웠지만 바다사자는 결국 수천 마리로 줄었습니다. 사람들은 그 이유를 먹이, 기후 변화, 천적, 그물, 질병이

라고 생각하지만 확실하지 않습니다. 어민들이 쳐 놓은 그물에 걸려서 죽기도 하거든요.

또한 북극에는 하버해표, 반지해표, 수염해표, 하프해표, 후드해표가 있습니다. 과거에는 이들의 가죽을 얻기 위해 사람들이 많이 죽였지만, 지금은 모두 보호됩니다.

강경 환경 보호 단체인 '그린피스'를 아나요? 그린피스는 한때, 해표 새끼에게 물감을 뿌리기도 했습니다. 물감이 묻은 해표 새끼의 털을 사려는 사람은 없기 때문입니다. 따라서 조금 보기 싫더라도 해표 새끼는 몸에 물감을 묻힘으로서 생명을 구할 수 있었습니다.

애튼버러가 바다코끼리의 생김새를 떠올리며 피식 웃었다.

'바다의 말'이라는 뜻의 바다코끼리가 어떻게 생겼는지 아나요?

__ 바다코끼리는 위턱에 긴 송곳니 2개가 있어요.

하하, 맞아요. 바다코끼리는 물개나 해표와 같은 계통의 동물입니다. 바다코끼리의 먹이는 조개류나 해표 새끼입니다. 보통 송곳니로 조개를 캐어 먹거나 해표 새끼를 잡아먹지요. 반면 바다코끼리는 새끼일 때만 북극곰에게 잡아먹히고 어

바다코끼리

미가 되면 천적이 없어집니다.

__ 선생님, 바다코끼리의 긴 송곳니 2개는 어디에 쓰는 건가요?

좋은 질문입니다. 송곳니는 첫째, 짝짓기를 할 때 수컷이 암컷에게 자신을 자랑하는 데 씁니다. 둘째, 바닷물에서 얼음 위로 기어오를 때, 등산용 얼음도끼처럼 쓰지요. 즉, 송곳니를 얼음 위에 찍고 무거운 몸을 끌어올릴 때 씁니다.

이러한 바다코끼리도 사냥꾼들의 표적이 된 적이 있습니다. 미국인들은 북반구 바다에 고래가 없어지자 바다코끼리를 잡기 시작했습니다. 러시아인들은 바다코끼리의 송곳니를 조각 재료로, 가죽은 산업용 피대로, 고기는 여우 농장의

사료로 썼고, 또한 기름을 얻기도 했지요. 하지만 러시아인들은 1990년 대 초, 소련이 해체되면서 바다코끼리 사냥을 공식적으로는 그만두었습니다. 하지만 지금도 미국인과 러시아인들은 생계를 위해 매년 1만 마리 정도의 바다코끼리를 잡는데, 바다코끼리가 워낙 많아서 이 정도의 사냥은 괜찮습니다.

여우, 사향소 그리고 늑대

똑똑한 동물의 대표인 여우는 새알을 먹거나 절벽 둥지에서 풀밭으로 떨어지는 새들을 잡아먹습니다. 또 늑대나 북극곰이 남긴 시체를 뜯어먹거나 레밍쥐 같은 작은 쥐, 눈토끼를 잡아먹습니다. 사람이 사는 곳 부근의 여우는 사람이 먹다 버린 음식물 찌꺼기도 먹지요. 또한 여우는 겨울에는 털을 하얗게, 여름에는 회갈색으로 바꾸어 사람을 비롯한 천적으로부터 자신을 숨깁니다.

목의 갈기털이 아주 긴 사향소를 아나요? 이끼나 풀을 뜯어먹고 사는 사향소는 늑대가 덤벼들면 어미들이 무리를 지어 새끼를 보호합니다. 사향소는 솟과에 속하는 동물로 추운 곳에 적응하기 위해 털이 아주 길며 발목 위까지 긴 털로 덮여 있습니다. 발목은 몸집에 비해 아주 가늘어 보이지만 사향소가 사는 데는 문제가 없습니다.

늑대는 무리를 이루어 사향소나 순록을 잡아먹습니다. 늑대는 먹이를 잡으면서도 먹이들이 달아날 길을 터 주는 아주 똑똑한 동물입니다. 개의 조상인 늑대는 길들이면 사람과 아주 친해지지만 사람이 늑대를 데리고 다니지는 못합니다.

알래스카 주나 북유럽에서는 순록을 길들여 가축으로 키웁니다. 성탄절에 산타클로스의 썰매를 끄는 루돌프가 바로 순록이지요. 사슴과에 속하는 순록은 뿔의 모양과 몸집에 따라 여러 종이 있습니다.

한국의 다산 기지가 있는 북극의 니알슨에는 1975년에 연구를 목적으로 가져온 순록이 10배 이상 늘었습니다. 순록의

과학자의 비밀노트

다산 기지

다산 기지는 2002년 4월 29일에 문을 연 한국의 북극 연구 기지이다. 다산 기지는 스발바르 군도 스피츠베르겐 섬의 연구 마을 니알슨에 있으며 한국 말고도 여러 나라의 연구 기지가 있다. 이곳에서는 기지 부근의 대기와 토양, 바다 생물을 관찰하고 연구한다.

다산 기지로 가기 위해서는 노르웨이 북쪽의 트롬쇠에서 스피츠베르겐 롱이어비엔으로 가는 비행기를 타야 한다. 니알슨은 롱이어비엔에서 107km 떨어져 있으며 여름에는 1주일에 2번, 겨울에는 1번 비행기가 있다.

또한 다산 기지는 북쪽 끝에 있어 4달은 낮, 4달은 밤이며, 4달은 낮과 밤이 있다.

천적은 북극곰과 늑대인데, 다산 기지 부근에는 사람들이 모여 살아 늑대는 없고 북극곰은 드물기 때문입니다.

새

북극의 바다에는 많은 생물이 있습니다. 눈에 보이지 않을 정도로 작은 식물 플랑크톤과 동물 플랑크톤을 포함한 해양 생물부터 이들을 먹고 사는 갑각류, 물고기들이 아주 많지요. 당연히 이들을 잡아먹는 더 큰 동물이 있으며 먹이 그물 가장 위에는 북극곰과 범고래가 있습니다.

북극의 바다에 물고기가 아주 많은 만큼 이를 먹고 사는 물새도 많으며, 해안과 땅에는 텃새, 철새가 많습니다. 갈매기, 제비갈매기, 가마우지, 퍼핀, 물오리, 바다오리, 도요새, 대머리독수리, 금빛독수리, 올빼미, 매, 뇌조가 그들이지요. 땅에서 사는 새들은 다른 새의 알이나 새끼 또는 쥐, 토끼를 잡아먹고 삽니다.

새들은 북극의 추위에 적응하여 살고 있는데 이 중 오리는 털이 아주 보드랍고 폭신하며 따뜻합니다. 이른바 겨울 파카에 이용되는 '덕 다운(duck down)'이 바로 북극오리의 가슴털에서 유래되었지요.

고래

고래는 어떻게 나눌까요?

__ 고래는 크게 수염고래와 이빨고래로 나눠요.

그래요. 북극에도 남극처럼 수염고래와 이빨고래가 모두 있습니다. 우리가 잘 아는 혹등고래, 대왕고래, 참고래, 밍크고래는 수염고래입니다. 그리고 향유고래, 범고래, 돌고래는 이빨고래이지요.

먼저 수염고래부터 이야기해 볼까요? 수염고래는 몸집이 아주 크며 바닷물을 크게 들이킨 다음, 물을 내보내고 수염에 걸리는 크릴을 먹습니다.

혹등고래는 가슴지느러미가 아주 길어 눈에 띄며, 고래 가운데 가장 잘 뛰어오릅니다. 또한 뒷지느러미는 넓적한 삼각형이고 바닥이 하얀 것이 특징입니다. 대왕고래는 고래 가운데 제일 크며 가장 큰 경우, 길이는 30m 정도, 무게는 약 150톤입니다. 150톤이 어느 정도인지 상상이 되지 않죠? 이것은 성인 남자 2,000명의 무게가 넘는 수준이며 큰 코끼리 25~30마리의 무게입니다.

참고래는 속력이 느려 가까이 가기 쉽고 기름의 양도 많으며 다른 고래와 달리 죽은 뒤에도 가라앉지 않아 고래잡이들이 아주 좋아했지요. 밍크고래는 수염고래 가운데 가장 작으

며 길이는 8m, 무게는 5~6톤 정도입니다.

이제는 이빨고래에 대한 이야기를 해 볼까요? 향유고래는 길이 17m, 무게 40톤 정도로 이빨고래 가운데 가장 큽니다. 물을 왼쪽 앞으로 뿜어내는 향유고래는 뭉툭한 머리에 있는 기름과 내장에 있는 용연향 때문에 사냥꾼들에게 많이 잡혔습니다. 향유고래가 잡아먹은 오징어의 부리가 내장에서 썩어 용연향이 된다는 것은 앞의 수업에서 설명했습니다. 기억나지요?

범고래는 길이가 8~9m, 무게는 4~8톤 정도 나갑니다. 다른 고래나 해표, 물개를 잡아먹는 범고래는 지능이 아주 높지요.

북극에만 있는 고래로는 이빨고래의 일종인 일각고래와 흰

일각고래

과학자의 비밀노트

고래의 진화

고래는 약 5천만 년 전 바닷가에 살았던 동물이 바닷속에 살도록 진화한 것이다. 그러면서 다리는 지느러미가 되었고, 몸은 유선형이 되었으며 머리는 길어졌고, 숨구멍(코)이 머리 가운데 위로 왔다. 이때 머리뼈가 크게 변하면서 이빨고래의 머리뼈는 좌우 대칭이 되지 않아, 향유고래는 왼쪽 앞으로 물을 뿜게 된 것이다. 또한 일각고래는 가운데 왼쪽 앞니 1개만 길어졌다. 만약 머리뼈가 대칭이라면 향유고래는 물을 머리 가운데서 뿜어야 하고, 일각고래는 앞니 2개가 길어야 한다.

고래가 있습니다. 일각고래는 앞니 1개가 2~2.5m나 솟아난 고래입니다. 흰고래는 아주 작은 고래로 길이 4m에 무게는 1.5톤 정도이지요. 북극에는 이외에 돌고래 계통의 이빨고래들도 있습니다.

현재 전 세계가 열심히 고래를 보호하고 있지만, 밍크고래를 제외한 몸집이 큰 모든 수염고래는 매우 느리게 늘어나고 있어 사라질 위기에 처해 있습니다.

갑각류

북극 중에서도 알래스카 주의 바다에는 4종의 게가 있습니다. 그중 붉은킹크랩은 다리를 벌렸을 때의 길이가 2m나 되

지요. 몸이 누런 황금킹크랩도 붉은킹크랩만큼 큽니다. 어부들은 그보다 조금 작고, 껍데기의 지름이 약 15~20cm에 다리의 길이가 1.3m 정도인 오필리오킹크랩과 탠너킹크랩을 잡습니다.

모든 게는 다리가 10개로, 작은 킹크랩 2종은 마지막 뒷다리가 퇴화하여 작아졌지만 다리가 10개인 것은 분명합니다. 그러나 큰 킹크랩 2종은 가장 작은 뒷다리가 퇴화하여 흔적만 남았기 때문에 다리가 8개인 것처럼 보입니다. 또 작은 킹크랩 2종은 껍데기가 매끈하고, 큰 킹크랩 2종은 우툴두툴합니다.

킹크랩 가운데 가장 많이 잡히는 붉은킹크랩은 주로 수심 120m에서 잡히며, 황금킹크랩은 180m 깊이에서 잡힙니다. 킹크랩은 조개나 전복 같은 연체동물, 작은 게나 새우 같은 갑각류, 그리고 해삼, 물고기를 잡아먹습니다. 붉은킹크랩은 깊은 곳에 살지만 알을 낳을 때는 얕은 곳으로 올라와 낳습니다. 따라서 새끼 킹크랩은 얕은 곳에서 살다가 크면 깊은 바다로 들어가지요. 킹크랩은 알을 낳을 수 있는 어른이 되기까지 보통 8년 정도 걸립니다.

어류

여러분, 생태탕을 좋아하나요?

__ 네, 선생님!

__ 저도 좋아해요.

생태(얼리거나 말리지 않은 잡은 그대로의 명태)탕의 재료인 명태는 한국의 동해에서 잡은 것이 아니라, 북극 베링 해에서 잡은 것입니다. 명태는 지구가 더워지면서 한국 바다에서는 잡히지 않지요. 그러나 1970년대만 하더라도 동해에서 많이 잡혀 한국인들이 가장 많이 먹었던 물고기 가운데 하나입니다. 지금은 베링 해까지 올라가서 잡지만요.

명태는 베링 해에 워낙 많아, 수 km의 길이에 폭 수백 m의 무리를 이룹니다. 명태는 얕은 곳에 알을 낳으며 명태 어미는 깊이 500m 정도에 살아 중간 깊이의 바다에서 쉽게 잡을 수 있습니다. 또한 명태는 알을 워낙 많이 낳아 명태 새끼는 그보다 큰 물고기와 새, 그리고 포유동물의 먹이가 됩니다.

대구는 명태와 친척뻘로 명태보다 크고, 대륙붕(대륙 주위에 분포하는 극히 완만한 경사의 바다 밑바닥) 아래로 수심 270m 되는 곳에 살며 얕은 곳과 깊은 곳을 오갑니다. 대구는 크게 2종류가 있는데 태평양 대구가 대서양 대구보다 크고 맛있습니다. 따라서 사람들은 19세기 중반부터 베링 해에서 대구를 잡기 시작했으며, 이것은 베링 해에 사는 물고기 중 가장 먼저 잡은 물고기입니다.

연어는 살이 주황색이어서 쉽게 알아볼 수 있습니다. 차고 깨끗한 물에서 사는 연어는 베링 해에서 명태 다음으로 많은 물고기이며 5종이 있습니다. 강 상류의 깨끗한 물에서 태어난 연어는 바다에서 살다가 알을 낳기 위해 태어난 곳으로 올라갑니다. 이때 곰에게 잡아먹히지 않은 연어는 알을 낳고 죽음을 맞이하지요.

청어는 잔가시가 많지만 기름이 많고 맛도 좋은 물고기입니다. 크기 30cm에 무게 450g 정도인 청어는 한때 한국에서 엄청나게 잡혀 기름을 뺀 후 사료로 썼던 물고기입니다.

핼리벗은 큰 가자미로 길이 2.3m에 폭이 1.5m나 되며 무

핼리벗

게가 180kg이 넘는 것도 있습니다. 암컷이 수컷보다 훨씬 크며 알에서 부화한 뒤 1달 정도 지나면 왼쪽 눈이 돌아가 오른쪽 눈 옆에 오게 되어 몸의 왼쪽이 바닥이 되고 오른쪽이 위가 됩니다. 40년을 넘게 사는 핼리벗은 모래 바닥에 숨어서 지나가는 물고기나 게, 문어 등을 잡아먹고 삽니다.

연체동물

연체동물이 어떤 동물인지 아나요? 연체동물이란 뼈가 없고 근육이 많은 바다 생물을 말합니다. 그 예로 무엇이 있을까요?

__ 굴과 조개가 있어요.

__ 문어와 오징어도 연체동물이에요.

맞아요. 그러나 대부분의 연체동물에는 뼈가 없는 데 반해 오징어와 갑오징어처럼 뼈가 있는 것도 있답니다.

북극에도 오징어와 문어, 조개나 전복을 비롯한 연체동물이 있습니다. 오징어와 문어는 자기보다 작은 게나 조개, 전복 같은 동물들을 잡아먹고 살며, 오징어는 주로 향유고래의 먹이가 되지요.

북극의 식물

북극에는 땅에 도달하는 햇빛의 양이 적어 기온이 낮고, 흙이 얕게 쌓이기 때문에 겨울에 눈으로 덮이는 환경에 적응한 식물들이 있습니다.

북극은 남극보다 꽃이 피는 식물이 훨씬 많습니다. 그 이유는 남극과 달리 7월에 기온이 상당히 높아지는 때가 있기 때문입니다. 이때 꽃이 피는 식물들은 한꺼번에 꽃을 피우고, 수정하여 씨를 만들지요. 또한 북극에 있는 나무의 대부분은 키가 작은 관목으로 주로 오리나무와 자작나무입니다. 가문비나무도 있지만 키가 아주 작지요.

이러한 식물들은 초식 동물의 먹이가 되어 북극의 생태계를 유지하는 데 크게 이바지합니다. 예를 들면 사향소, 눈토끼, 레밍쥐 그리고 여러 종의 새와 순록, 무스(말코손바닥사슴) 등은 식물 덕분에 살아가지요. 물론 초식 동물은 육식 동물의 먹이가 되고요.

다산 기지가 있는 스발바르 군도에는 나무가 없고, 160종이 넘는 풀이 있으며 이것은 6월에서 8월 사이에 꽃을 피웁니다. 또한 기지 부근에는 여러 빛깔의 속새, 자주색의 범의

귀, 하얀 목화풀, 아이슬란드이끼, 너도개미자리, 하얀 북극조팝나무, 마디풀, 북방 꿩의밥, 범의귀, 하얀색의 바위수염, 북극버들, 석송, 고사리삼속, 괭이밥 계통의 식물들이 있습니다.

베링 해와 알래스카 주, 그리고 러시아와 미국

여러분도 잘 알다시피 알래스카 주는 원래 러시아의 땅이었으나 미국의 땅이 되었습니다. 어떻게 된 것일까요?

__ 글쎄요…….

러시아가 미국에 땅을 팔았기 때문이지요.

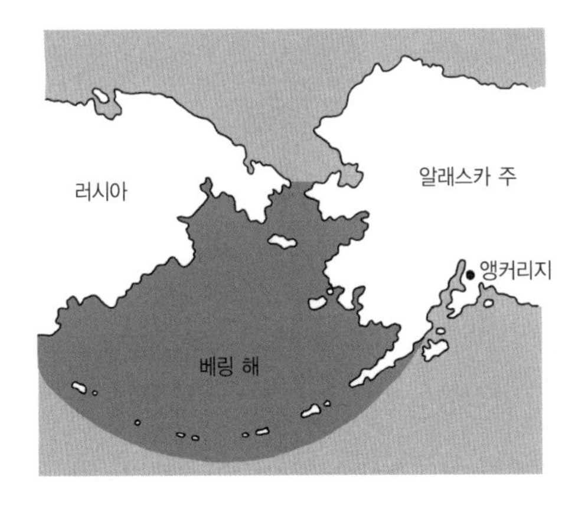

북극을 이야기할 때 빠뜨려서는 안 되는 것이 바로 베링 해와 알래스카 주입니다.

먼저 베링에 관해 알아봅시다. 베링(Vitus Bering, 1681~1741)은 덴마크 태생의 탐험가로 러시아 해군에서 일했습니다. 그는 러시아 황제의 명령으로 캄차카 반도와 알래스카 주 그리고 알류샨 열도를 탐험했습니다. 유럽 사람으로는 알래스카 주를 최초로 연구한 것이지요. 이 탐험에 함께했던 독일의 박물학자 스텔러(Georg Steller, 1709~1746)는 '서쪽의 파란 어치'가 북아메리카 본토에 있는 종과 아주 비슷하다고 기록했지요. 이 기록 때문에 그들이 북아메리카에서 왔다는 것이 확실해졌고, 알래스카 주와 알류샨 열도가 러시아의 땅이 된 것입니다.

사실 17세기의 캄차카 반도와 알래스카 주, 알류샨 열도는 원주민밖에 없던 곳이었습니다. 춥고 눈이 오며 화산이 폭발하고, 곰과 늑대만 나타나는 외롭고 무서운 곳이었지요. 그러므로 당시 문명 세계였던 러시아에서는 그곳에 사람이 산다고 생각하지 않았을 것입니다. 단지 모피업자들만이 목숨을 걸고 모험하면서 드나들었던 곳이었지요.

그러나 시간이 지나면서 모피값이 떨어지고 동물들이 줄어들어 모피 산업이 축소되자, 1867년에 러시아는 알래스카 주를 미국에 720만 불에 팔았습니다. 이것은 가로, 세로가 각각 63m인 땅을 단 2센트(1센트는 1달러의 100분의 1)도 되지 않는 헐값에 판 것입니다. 러시아는 이 땅을 버린 것이나 다름없었고, 미국은 주운 것이나 진배없었지요.

러시아는 그 당시, 알래스카 주가 대부분 얼음으로 덮여 있어 사람이 살 만한 곳이 아니라고 생각했기 때문에 미련이 없었지요. 미국인들도 알래스카 주를 구입했던 국무장관 수어드(William Seward, 1801~1872)를 비웃었으며 의회는 1년이나 대금 지불을 허락하지 않았습니다.

그러나 19세기 말, 알래스카 주의 '놈' 이란 마을에서 사금이 발견되면서 이곳은 황금의 땅으로 떠올랐습니다. 근처 바다에는 엄청난 양의 수산 자원이 있고, 북쪽 해저에는 방대한 양의 천연가스와 석유가 있지요. 또한 군사적인 측면에서도 알래스카 주는 대단히 중요합니다.

결국 수어드는 땅의 중요성을 알았으며 앞을 내다보는 혜안과 통찰력이 있었다고 평가되지요. 따라서 러시아가 땅을 판 것은 대단히 경솔했으며 큰 손해였습니다.

만화로 본문 읽기

선생님, 북극은 남극의 반대쪽이죠? 그런데 정확한 위치는 어디인가요?
북극은 보통 가장 더운 달인 7월의 평균 온도가 10℃를 넘지 않는 곳으로 정의해요.

따라서 북극은 대개 북위 70°의 북쪽으로 베링 해협 부근에서 남쪽으로 내려와 그 북쪽의 땅과 바다를 말하지요. 즉, 시베리아 북쪽 연안, 알래스카 주, 캐나다 북쪽 연안과 그린란드의 상당 부분이 북극에 포함됩니다.
아, 그렇군요.
캐나다
러시아
북극
그린란드
스웨덴

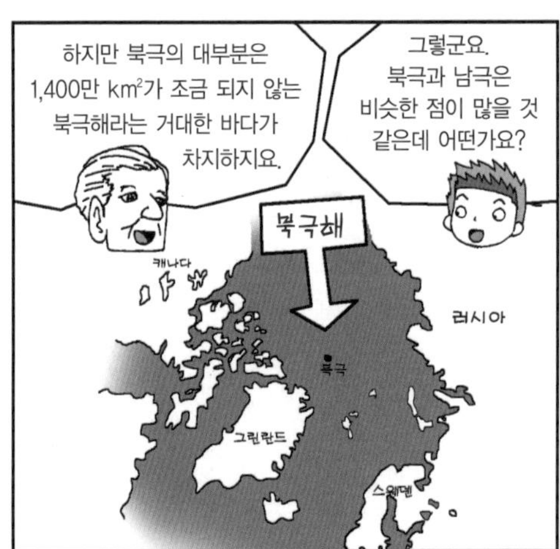

하지만 북극의 대부분은 1,400만 km²가 조금 되지 않는 북극해라는 거대한 바다가 차지하지요.
그렇군요. 북극과 남극은 비슷한 점이 많을 것 같은데 어떤가요?
북극해
캐나다
러시아
북극
그린란드
스웨덴

북극도 남극과 마찬가지로 기온이 낮고 춥지요. 하지만 북극은 남극보다 기온이 높아요. 또한 북극의 여름은 얼음과 눈이 녹고, 많은 식물이 생장하며 여러 동물들이 서식한다는 점에서 남극과 비슷해요.
그럼 북극에는 주로 어떤 생물들이 있나요?

북극에서 가장 유명한 동물은 북극곰이에요. 북극곰은 동면을 하지 않으며 날카로운 후각을 이용해 얼음 속에 숨어 있는 해표의 새끼를 잡아먹거나, 얼음판 숨구멍에 모여드는 흰고래를 잡아먹습니다.
북극에도 물개가 있나요?

네, 북극에도 북극물개가 있어요. 남극물개처럼 수컷이 암컷보다 크며 길이는 3~4m 정도, 무게는 135~270kg 정도이지요. 이 외에도 여우와 바다코끼리, 고래 같은 다양한 동물들이 산답니다.
아주 추운 북극의 땅과 바다에도 다양한 생물들이 살아가고 있군요.
북극여우
바다코끼리
일각고래

세 번째 수업 3

남북극의 다른 점과 같은 점

남극과 북극은 극지에 있고 춥기 때문에 모든 것이 같다고 생각하기 쉽지만
다른 점도 있습니다. 남북극의 다른 점과 같은 점을 알아봅시다.

3

세 번째 수업

남북극의 다른 점과 같은 점

교과연계		
교.	초등 과학 3-2	2. 동물의 세계
과.	초등 과학 6-1	3. 계절의 변화
연.	중등 과학 1	4. 생물의 구성과 다양성
	고등 지학 Ⅰ	1. 하나뿐인 지구
계.	고등 생물 Ⅱ	4. 생물의 다양성과 환경

애튼버러가 자신 있는 표정으로
세 번째 수업을 시작했다.

남북극의 다른 점

앞서 남극과 북극의 자연환경과 그곳에 있는 식물, 동물에 대한 이야기를 했습니다. 이번 시간에는 먼저 남북극의 다른 점이 무엇인지 생각해 봅시다. 또 왜 그러한 차이가 생겨났는지도 생각해 보도록 하죠.

상당히 어려울 수 있는 내용이니 집중해서 내 얘기를 잘 듣도록 하세요.

__ 네, 선생님!

지리가 다른 남북극

남극과 북극이 다른 점은 무엇이 있을까요?

__ 남극은 남쪽 끝에, 북극은 북쪽 끝에 있어요.

그래요. 하지만 단순히 '북쪽 끝에 있다, 남쪽 끝에 있다'는 위치 말고도 다른 점이 있습니다.

첫째, 남극은 남빙양이라는 거대한 바다로 둘러싸인 대륙인 반면, 북극은 유라시아 대륙과 북아메리카 대륙 그리고 그린란드로 둘러싸인 거대한 바다라는 것이 큰 차이점입니다.

둘째, 남극의 해발 고도는 평균 2,500m로 가장 높은 대륙이지만 북극은 거대한 바다라는 점입니다. 게다가 남극 대륙의 대부분이 평균 2,000m가 넘는 두꺼운 얼음과 눈으로 덮인 반면, 북극의 대부분인 바다를 덮는 얼음은 여름이면 상당 부분이 녹아 바닷물이 드러납니다.

셋째, 북극은 유럽, 아시아 대륙과 연결되어 있어 사람들은 아주 옛날부터 북극이 있다는 것을 잘 알았습니다. 반면 남극은 그 존재가 알려지지 않았지요. 다만 2,500년 전부터 그리스 인들이 '알려지지 낳은 남반구의 땅'이 있으리라고 상상만 했습니다. 그 이유는 북반구에 대륙이 있기 때문에 이와 균형을 이루려면 남쪽에도 대륙이 있어야 한다고 생각했기 때문입니다. 그러나 확인을 하기까지는 2천 년 이상의 시간이 필요했습니다. 게다가 1773년, 영국의 쿡(James Cook, 1728~1779)이 그 땅을 찾아 남극 수렴선을 넘어 남극권(남위 66.5°)을 지나 남쪽으로 내려갔지만 남극 대륙을 찾지 못했기 때문입니다.

그렇다면 남극은 언제 발견되었을까요?

__ 음……, 19세기 초쯤이 아닐까요?

상당히 근접했습니다. 바로 1819년 초, 아르헨티나 부에노스아이레스에서 칠레 발파라이소로 가던 영국 배가 남아메리카의 끝을 돌아가다가 바람에 밀려 남셰틀랜드 군도의 한 섬에 도착하게 되면서 지도에 없던 땅이 발견되었습니다. 영국 장교들은 이것을 영국의 땅으로 선언했습니다. 이렇게 남

과학자의 비밀노트

남극 수렴선

남극해에서 남쪽이 북쪽보다 춥다는 것은 상식이다. 바닷물도 마찬가지로 남쪽의 바닷물이 북쪽의 바닷물보다 차다. 따라서 이 두 바닷물이 닿으면 남쪽의 찬 바닷물이 북쪽의 덜 차가운 바닷물 아래로 들어간다. 이렇게 두 바닷물이 만나는 곳을 남극 수렴선이라고 하며 남위 54°~62° 사이를 오르내리는 폭 40~50km 정도이다. 남극 수렴선은 단순히 물이 차고 덜 차다의 문제가 아니라, 다른 곳과 바닷물의 성질이 다르고 그곳에 사는 생물들이 다르다.

극이 발견되었고, 그 실체가 알려지기 시작했습니다.

남극과 북극의 네 번째 다른 점은 남빙양으로 둘러싸인 남극으로는 생물이나 사람이 건너가기 힘들었지만 대륙으로 둘러싸인 북극은 그렇지 않아 수천 년 전부터 사람이 들어갔다는 점입니다. 생물들은 사람보다 훨씬 일찍 북극으로 들어가 환경에 적응했지요.

기후가 다른 남북극

남극과 북극의 지리가 달라 생기는 차이점에는 어떤 것이 있을까요?

__ 기후 아닐까요?

그래요, 기후가 다릅니다. 남극이 북극보다 기온이 낮고 춥지요. 그 이유를 몇 가지 들어 보겠습니다.

땅은 물보다 빨리 더워지고 빨리 식습니다. 물은 한번 더워지면 잘 식지 않지요. 따라서 남극은 대륙이고 북극은 바다로 되어 있기 때문에 남극이 북극보다 춥습니다. 또 남극은 높은 고원 지대로 바다보다 기온이 낮습니다. 기온은 지대가 낮은 곳이 높고, 올라갈수록 낮아집니다. 낮은 곳이 더워지고 난 다음에야 높은 곳이 더워지기 때문입니다.

그리고 남극으로는 북쪽의 따뜻한 바닷물이 내려가지 못합니다. 반면 북극으로는 대서양과 베링 해를 통해 남쪽의 따뜻한 바닷물이 올라가지요. 그러므로 영국과 프랑스, 덴마크와 스칸디나비아 반도 같은 북유럽은 한국보다 훨씬 북쪽에 있지만 그렇게 춥지 않습니다. 남극과 북극에서 기록된 최저 기온을 살펴보면 남극은 −89.2℃인 반면 북극은 −71.8℃에 지나지 않는 것에서 확실한 차이를 느낄 수 있지요.

그런데 극지가 왜 적도보다 기온이 낮은지 생각해 본 적 있나요? 지구는 태양의 열을 받아 따뜻해집니다. 그런데 태양의 열이 지면에 고르게 닿지 않지요. 즉, 태양의 열이 많이 닿는 곳은 따뜻하고, 적게 닿는 곳은 춥습니다. 극지방은 고도(지평선에서 태양까지의 각도)가 아주 낮아 넓은 땅에 빛이 닿기 때문에 기온이 낮습니다. 남위 90°인 남극점에서는 태양의 고도가 아무리 높아도 23.5° 밖에 되지 않지요. 반면 적도 지방은 태양의 고도가 높아 태양열을 많이 받기 때문에 기온이 높지요.

따라서 적도에서 북쪽, 남쪽으로 갈수록 추워지는 이유는 태양의 고도가 낮아져 태양열이 넓은 땅이 흩어지기 때문입니다. 이는 지구가 23.5° 기울어져 자전하기 때문에 생기는 현상이지요.

사는 생물이 다른 남북극

남극과 북극은 생물의 조성에서도 많은 차이가 납니다. 한마디로 북극에 사는 생물의 종이 훨씬 다양하며 이것은 주변 대륙의 영향을 많이 받았기 때문이지요. 예를 들어 북극에는 북극곰, 여우, 쥐, 늑대, 순록, 눈토끼, 사향소 같은 포유류가 있습니다. 북극에만 있는 북극곰은 얼음 위와 바다에서 살지만, 나머지 포유동물은 땅에서 삽니다. 물론 바다에는 해표와 고래가 있지요. 식물도 마찬가지입니다. 북극에는 꽃피는 식물이 180종 이상입니다.

반면 남극에는 땅에 사는 포유동물은 없고, 바다와 해안에 사는 해표, 고래뿐이지요. 꽃피는 식물도 단 2종밖에 없습니다. 펭귄은 남반구에만 있는 새로, 남극에서 5종이 번식하며 남극 바로 북쪽에서 2종이 번식하여 살고 있습니다.

극지에 원주민이 있을까?

또 하나, 남극과 북극에는 아주 큰 차이가 있습니다. 무엇일까요?

__ 원주민이 있고, 없고의 차이입니다.

맞아요. 남극에는 원주민이 없는 반면, 북극에는 에스키모라는 원주민이 있습니다. 에스키모의 기원 가운데 가장 믿을

에스키모

만한 설명에 따르면, 에스키모는 원래 북동아시아에서 살았던 사람들이 약 5천 년 전 북쪽으로 올라가 추위에 적응했다는 것입니다. 에스키모는 현재 약 10만 명으로 추정되며 8만 명 정도가 그린란드와 알래스카 주에서 살고, 나머지는 캐나다와 러시아에 삽니다.

에스키모는 환경에 적응해 주로 고래, 물고기를 잡고 여러 동물을 사냥하며 살아왔지요. 북극에 원주민이 있다는 것은 큰 특징으로 이들의 문화와 역사는 북극 연구의 큰 부분을 차지합니다. 자연 과학 연구는 아니지만 북극을 알려면 반드시 연구해야 하는 분야이지요.

반면 남극에 있는 사람들은 모두 문명 세계로부터 연구를

목적으로 간 것으로, 여름에는 4,000명이 넘으며 겨울에는 1,000명 정도가 남극에 있습니다.

극지가 문명 세계에 끼치는 영향

지구가 더워질 때, 남극과 북극이 지구에 끼치는 영향은 다릅니다. 예를 들어, 남극을 덮는 얼음이 다 녹는다면 전 세계의 바다가 60m 정도 높아집니다. 남극은 지구 육지 면적의 약 9.2%를 차지하지만 그것을 덮고 있는 얼음이 워낙 두껍기 때문에 얼음이 녹는다면 전 세계의 바다가 높아지는 것입니다. 물론 그런 일은 일어나지 않겠지만, 남극 대륙을 덮고 있는 얼음의 부피만 놓고 보면 이러한 결과를 얻을 수 있습니다. 반면 북극의 얼음은 워낙 적어 녹아도 그런 일은 일어나지 않습니다.

__ 선생님, 북극의 대부분은 북극해가 차지한다고 하셨는데요. 왜 북극해를 덮은 얼음은 녹는다 해도 해수면을 상승시키지 않나요?

좋은 질문입니다. 바다에 들어온 얼음은 물에 떠 있기 때문에 녹아도 해수면에는 영향이 없습니다. 바다에 아직 들어오지 않은 얼음이 녹아야 바다가 높아지는 것이지요. 이런 이유로 남극 바다에 떠 있는 빙붕이 녹아도 해수면은 높아지지 않습니다. 빙붕은 앞에서 설명한 바와 같이 바다에 떠 있는 큰 얼음판이기 때문입니다. 사실 바닷물이 단 1m만 높아져도 수억 명의 인류가 살던 곳을 떠나야 합니다. 그렇게 생각하면 바닷물 1m가 높아지는 것은 인류에게는 엄청난 재앙이지요.

북극은 북반구의 기후에 큰 영향을 미칩니다. 대표적인 것이 바로 북극 진동(북극의 저기압과 중위도의 고기압 크기가 시간에 따라 변동하는 현상)입니다. 평년보다 북극의 저기압이 중위도 고기압에 비해 약하면, 제트류(상공 10~15km의 강한 서풍)는 북극의 찬 공기가 남하하는 것을 막아 줍니다. 하지만 반대의 경우에는, 찬 공기가 남쪽으로 쉽게 내려올 수 있습니다.

2010년 3월에 유독 추웠던 기억나나요? 바로 북극 진동의

과학자의 비밀노트

남극 진동

북극 진동 같은 현상이 남반구에 나타나는 것이 남극 진동이다. 즉, 남극 상공의 찬 공기 덩어리와 북쪽의 덜 찬 공기 덩어리의 크기가 시간에 따라 변하는 현상을 말한다. 남극 진동은 북반구 중위도에 있는 한국까지는 영향을 미치지 못하고, 브라질이나 아르헨티나처럼 남반구에 있는 나라에 영향을 미친다. 예를 들어, 1990년대 후반에 남쪽의 찬 공기가 올라와 브라질의 커피나무가 얼어 죽었던 적이 있었다.

영향을 받아 북쪽의 찬 공기가 한국의 하늘을 덮으면서 유난히 추웠던 것입니다.

사람의 활동이 다른 남북극

남극과 북극의 다른 지리와 자연환경은 사람의 활동에도 여러 가지 영향을 미쳤습니다.

_ 어떤 영향을 미쳤나요?

대륙에 연결되어 일찍부터 사람이 드나들었던 북극은 영유권, 즉 땅의 주인이 있습니다. 러시아, 미국, 노르웨이, 캐나다, 아이슬란드, 덴마크, 스웨덴, 핀란드가 바로 북극의 주인이지요. 이 중에서도 북극의 바다를 가지고 있는 러시아, 미국, 노르웨이, 캐나다, 덴마크가 큰소리를 냅니다.

한편 2009년, 그린란드의 독립으로 새로운 국면으로 발전될 가능성이 있습니다. 인구 6만 명이 되지 않는 그린란드 예산의 상당 부분을 덴마크가 도와주기 때문이지요.

그렇다면 남극은 누구의 땅일까요?

_ 글쎄요…….

남극은 누구의 땅도 아닙니다. 남극은 발견된 후, 여러 나라의 탐험이 이루어지고 연구 지역으로 이용되다가 1908년에 영국이 처음 영유권을 주장했습니다. 그러자 뉴질랜드,

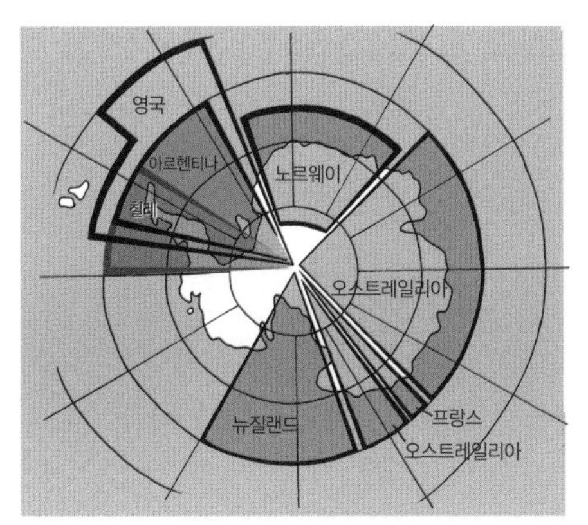

7개국이 주장하는 남극 영유권

오스트레일리아, 노르웨이, 프랑스, 칠레 그리고 아르헨티나도 자신들의 영유권을 주장했지요.

이 나라들이 영유권을 주장하는 이유는 발견, 탐험, 연구, 과거의 선언처럼 여러 가지 이유가 있습니다. 과거의 선언이란 칠레가 스페인으로부터 독립하기 전, 스페인 왕이 현재 칠레의 남쪽 지방을 자기네 영토로 한다고 말했던 것을 말합니다. 반면 남극을 발견, 탐험하고 연구하는 데 큰 업적이 있는 미국과 러시아는 남극 영유권을 주장하지 않고, 다른 나라의 주장도 인정하지 않습니다.

남극의 영유권이 문제가 되자 1959년 12개국이 참가하여 맺은 남극 조약에서는 이 문제를 어정쩡하게 남겨두었습니다. 그러면서 앞으로는 새로이 영유권을 주장하지 못하게 막

아 놓았지요. 예를 들면, 한국이 남극에 세종 기지를 지었다고 해서 영유권을 주장하지 못한다는 뜻입니다.

남극 영유권을 주장하는 나라들은 온갖 방법을 사용합니다. 남극에 집을 지어 놓고 아이를 낳거나, 국무 회의를 열거나 우표를 발행하여 알게 모르게 영유권을 주장하지요. 이런 방식의 영유권 표시는 아르헨티나와 칠레가 아주 심합니다. 나아가 남극 반도처럼 영국, 칠레, 아르헨티나의 영유권이 중복되는 지역은 나라에 따라 부르는 이름이 다릅니다. 예컨대, 세종 기지가 있는 섬을 영국은 '킹조지 섬', 칠레는 그에 해당하는 스페인 어로 부릅니다. 아르헨티나는 '5월25일섬'으로 부르고요.

여기에서 꼭 짚고 넘어가야 할 것은 바로 남극이 '인류 공동의 유산'이 아니라는 사실입니다. 현재 지구의 220개가 넘는 나라 모두가 남극에 대한 권리가 있는 것이 아니라는 뜻입니다. 이는 마치 '한반도(韓半島)는 한민족(韓民族)의 유산'과 같은 내용입니다. 한민족 말고는 누구도 한반도를 자기 땅이라고 주장할 권리가 없습니다.

그렇다면 남극에 대한 권리는 누구에게 있을까요? 바로 남극조약협의당사국(ATCP, Antarctic Treaty Consultative Party)에게 있습니다.

한 학생이 손을 들어 질문했다.

__ 선생님, 남극조약협의당사국은 어떻게 될 수 있나요?

남극 조약에 가입하면 됩니다. 그러나 이 조약에 가입했다고 모두 똑같은 권리가 있는 것은 아닙니다. 남극을 연구하고 그 업적이 만장일치로 인정을 받아 남극조약협의당사국이 되어야 남극에 관한 일을 결정할 수 있는 자격과 권리가 생기는 것이지요. 2010년 남극 조약에 가입한 나라는 48개국이지만, 남극조약협의당사국은 한국을 포함하여 28개국에 지나지 않습니다. 즉, 20개국은 조약에만 가입한 것이지 남

과학자의 비밀노트

환경 보호에 관한 남극 조약 의정서

남극 조약이 발효된 지 30주년이었던 1991년, 남극조약협의당사국들은 '환경 보호에 관한 남극 조약 의정서', 일명 '마드리드 프로토콜'이라는 약속을 했다. 이 결의에서 남극의 환경을 더 철저하게 보호하기 위하여 기지 건설과 유지에 관한 사항을 강화했다. 또한 이전에 논의되었던 지하자원의 개발 여부는 의정서가 효력을 낸 지 50년 후에 다시 논의하기로 했다. 이 의정서는 1998년 4월에 효력을 내기 시작해 남극의 지하자원 개발은 2048년까지 논의를 늦추게 되었다. 물론 남극 조약 협의 당사국들이 만장일치로 의정서의 결정 내용 자체를 바꾸면 가능하지만 그럴 가능성은 없다.

극에 관한 결정권은 없습니다.

나아가 남극과 북극은 연구하는 제도도 다릅니다. 남극은 남극연구과학위원회가, 북극은 국제북극과학위원회가 있어 각자의 영역에 관해 협의하고 조정합니다. 하지만 북극의 바다를 가지고 있는 5개국은 다른 나라가 북극에 참견하는 것을 반가워하지 않습니다.

한국의 남극 기지와 북극 기지

남극에 있는 한국 기지가 무엇인지 아나요?

__ 남셰틀랜드 군도에 있는 세종 기지입니다.

그럼 북극에 있는 한국 기지는요?

__ 스발바르 군도에 있는 다산 기지입니다.

와, 여러분이 일취월장하는 모습에 정말 뿌듯하군요. 그렇다면 두 기지가 어떻게 다른지 아나요?

__ 흠…….

애튼버러가 살짝 미소를 지으며 말을 이었다.

세종 기지는 한국 사람들이 지었고, 한국에서 연료와 식품을 가져갑니다. 즉, 한국에서 기지를 유지하지요. 반면 다산

기지는 물, 전기, 가스를 노르웨이 회사가 보내 주며 기지 식당에서 밥을 먹습니다. 대신 한국은 기지 관리비 및 물, 전기, 가스의 사용 요금과 식대를 냅니다. 즉, 건물을 빌려 쓸 뿐이지요.

또한 세종 기지에는 한국 사람이 연중 있습니다. 반면 다산 기지는 필요한 때에 연구원들이 가서 자료를 얻습니다. 그러므로 다산 기지는 비어 있을 때가 많습니다. 이렇게 세종 기지와 다산 기지는 운영하는 방식이 다릅니다.

다산 기지가 있는 스피츠베르겐 섬의 니알슨에는 여러 나라의 기지가 있어 과학촌이나 마찬가지입니다. 모두 건물 전체나 일부를 빌려 쓰고 있지요. 반면 세종 기지가 있는 킹조

지 섬에는 8개국의 기지 10개가 있습니다. 물론 이 기지들은 모두 해당 국가에서 운영합니다. 킹조지 섬은 제주도보다 작기 때문에 기지가 아주 많은 곳이라고 볼 수 있지요.

오염된 북극

남극과 북극이 크게 다른 점 중 하나가 남극은 문명 세계로부터 아주 멀다는 것입니다. 그러므로 남극은 아주 깨끗합니다. 실제로 남극 대륙은 중부 태평양보다 10배나 깨끗합니다. 이 사실은 1928년, 버드(Richard Byrd, 1888~1957)와 함께 남극을 탐험했던 대기 과학자가 남극 대륙의 공기를 채집하여 분석한 결과 알아냈지요.

반면 북극과 시베리아는 문명 세계, 그중에서도 산업이 발달한 북유럽과 아시아의 자동차, 공장 그리고 주택에서 날아간 매연으로 매년 12월부터 다음 해 4월까지 어둡게 덮여 있습니다. 심하면 알래스카 주에 있는 도시들은 출근하는 데 문제가 생길 정도이지요.

이렇게 하늘 높은 곳으로 올라간 매연은 공기의 흐름을 타고 북극의 상공까지 날아갑니다. 또한 물고기를 많이 잡았던 베링 해 일대에서는 버린 그물이나 어구 같은 수산 폐기물들이 북극물개나 해표 등을 위협합니다.

교통로 역할의 북극

지구가 더워지면서 북극의 얼음은 해가 갈수록 점점 많이 녹습니다. 이렇게 얼음이 녹으면서 유럽에서 시베리아 북쪽 바다를 지나거나 북아메리카 북쪽 바다를 지나 아시아로 가는 뱃길이 아주 짧아졌습니다. 유럽에서 시베리아의 북쪽 바다를 지나가는 뱃길은 북동 항로, 북아메리카 대륙의 북쪽 바다를 지나가는 길은 북서 항로라고 하지요.

2009년 여름, 독일의 상선 2척이 한국의 울산을 떠나 베링 해협을 거쳐 북동 항로를 통해 유럽으로 갔습니다. 이처럼 북극해는 한국을 비롯하여 일본이나 중국처럼 베링 해협에

과학자의 비밀노트

북극 항로

북극을 지나가는 항로는 항로에 가까운 나라, 즉 러시아와 캐나다 같은 나라에게 대단히 유리하다. 예를 들면, 러시아는 북극 항로를 지나가는 배들을 안내하고 큰 금액을 받는데 이런 일은 당분간 계속되리라고 보아야 한다. 또한 운송 항로가 짧아져 생산자와 소비자에게는 유리할 수 있으나, 운송업자는 그 반대이다. 나아가 겨울에도 얼음을 깨고 운행할 수 있는 쇄빙 화물선을 개발할 필요가 있는데, 이것을 건조하는 비용을 생각하면 반드시 이익이라는 보장도 없기 때문이다. 따라서 북극 항로를 제대로 이용하려면 얼음이 녹는 문제를 포함하여 상당한 시간이 걸릴 것이라는 예측도 있다.

가까운 나라에게는 새로운 길이 된다는 점에서 소홀히 생각해서는 안 됩니다.

남북극의 같은 점

냉기의 발원지인 남북극

지금까지 남극과 북극의 다른 점만 이야기했는데 같은 점은 없을까요? 남극과 북극은 지구의 극지로서, 냉기의 발원지라는 점이 같습니다. 즉, 극지방은 태양열을 적게 받아 온도가 가장 낮은 곳으로 그 영향을 중위도와 저위도 지방에 미친다는 점이 같습니다.

또한 남극과 북극은 모두 저온이라 물질의 변화가 느립니다. 그러므로 동물이나 식물의 시체가 잘 썩지 않습니다. 그래도 북극은 눈이 많이 오고, 여름에는 땅이 녹아 습지가 많아지기 때문에 남극보다는 시체가 빨리 썩습니다. 하지만 남극은 북극보다 건조해서 시체들이 잘 썩지 않아 미라가 되는 경우가 많습니다.

우리가 연구해야 할 곳

북극은 문명 세계, 그중에서도 한국이 있는 북반구의 기후와 자연환경에 영향을 미칩니다. 앞서 말했던 북극 진동이 그 예이지요. 반면 남극 진동은 남반구에 영향을 미치지만, 남반구에 있는 육지가 넓지 않아 그 영향도 크지 않습니다.

북극과 남극은 사람의 발길이 아주 뜸해서 오존층 파괴나 지구 온난화 같은 문명 세계의 영향을 쉽게 받습니다. 사람과 차량이 많고 복잡한 곳에서는 같은 현상이 나타나도 알아보기 쉽지 않지만요. 그러므로 남북극은 사람이 많은 문명 세계보다 연구하기 쉬워 중요한 연구 대상이 됩니다.

또한 북극은 북반구에 있는 별이나 통신을 연구하는 데 있어 중요한 연구 기지가 됩니다. 그러나 북극의 대부분은 땅이 아닌 바다이기 때문에 떠다니는 얼음 위에서 연구하기도 합니다. 남극에서도 1992년 1월에서 6월 사이에 러시아와 미국의 과학자들이 남극의 웨들 해를 떠다니며 얼음 위에서 연구를 했습니다. 하지만 남극은 대륙이라 해안과 내륙, 얼음 위뿐만 아니라 남극점 같은 곳에도 연구 기지가 있습니다.

남북극의 오로라

태양풍처럼 전기를 띤 입자가 지구의 자기장에 끌려 들어와 생기는 오로라는 남극과 북극 모두에 생깁니다. 그런 점

오로라

에서 남극과 북극은 비슷하다고 볼 수 있습니다. 하지만 아무데서나 생기는 것은 아니고 주로 지자기 북극점이나 지자기 남극점 주위에서 생깁니다. 이 지역을 각각 북극 오로라 지역, 남극 오로라 지역이라고 합니다.

남북극의 지하자원

북극해는 전 세계 바다 넓이의 3.7%를 차지하지만 물의 양은 1%이며 아시아 대륙과 북아메리카 대륙의 강물이 많이 흘러들어오기 때문에 염분은 아주 낮습니다. 북극의 바다에는 엄청난 양의 천연가스와 석유가 있는 것으로 알려져 있습니다. 따라서 북극해의 지하자원을 개발할 때 참가하려면, 북극의 자연환경과 문화를 알아야 합니다. 나아가 북극해를 이용해 유럽을 빨리 오갈 수 있는 통로를 마련하기 위해서는 북극 주변의 나라들과 친해져야 합니다. 이런 이유로 우리는 북극 연구를 소홀히 하면 안 됩니다.

반면 남극 대륙과 그 주변 바다에 있는 지하자원은 앞서 말한 대로 남극조약협의당사국들이 남극의 환경을 보호하기 위해 2048년까지 개발을 하지 말자는 약속을 했습니다. 그러므로 남극의 지하자원은 개발할 자원이 아닙니다. 그보다는 남극이 지구의 환경 변화에 미치는 영향이 워낙 크기 때문에 그것에 대한 연구가 남극을 연구하는 국제 사회의 큰 관심거리입니다.

과학자의 비밀노트

북극의 과거 환경과 자원

북극의 바다를 굴착해서 얻은 자료를 보면 오늘날의 북극과는 완전히 달랐다는 것을 알 수 있다. 예를 들면 석유와 천연가스가 많이 나는 알래스카 주 북쪽 해저의 경우, 5천만 년 전에는 산호가 살았을 정도로 바닷물이 따뜻했고, 얕았으며 깨끗했다. 유럽 쪽 북극의 해저는 시기는 달랐어도 따뜻했다는 점은 비슷해 스발바르 군도에는 석탄이, 해안에서는 천연가스가 발견되었다. 그러므로 북극 부근의 바다에는 석유가 있다고 보아야 한다. 실제로 북극에는 전 세계에 매장된 천연가스의 $\frac{1}{4}$이 있다는 최근 보고도 있다. 게다가 북극의 자원이 유망한 것은 바다의 대부분이 아주 얕아서 개발하기 쉽다는 점이다.

만화로 본문 읽기

지금까지 남극과 북극을 알아봤어요. 그렇다면 남극과 북극의 다른 점은 무엇일까요?
글쎄요…. 남극은 남쪽 끝에 있고, 북극은 북쪽 끝에 있으니까 위치가 다르네요. 또 다른 점이 있나요?

위치가 다른 것 외에도 큰 차이점이 있어요. 첫째로 남극은 남빙양이라는 거대한 바다로 둘러싸인 대륙인 반면 북극은 유라시아 대륙, 북아메리카 대륙과 그린란드로 둘러싸인 거대한 바다라는 점이 큰 차이지요.
남극과 북극이 서로 정반대네요.
남극
북극

또한 남극은 평균 높이가 2,500m인 가장 높고 거대한 대륙이고, 북극은 거대한 바다라는 점이 다르지요.
그렇군요. 세 번째 차이점은 무엇인가요?

유럽은 아시아 대륙과 연결되어 있어서 아주 옛날부터 북극이 있다는 것을 모두 잘 알고 있었지만, 남극은 그 존재가 알려지지 않았다는 것이에요.
그러면 남극은 언제 발견되었나요?

1819년 초, 부에노스아이레스에서 칠레 발파라이소로 가던 영국 배가 남아메리카 끝을 돌아가다가 바람에 밀려 남셰틀랜드 군도의 한 섬으로 오게 되면서 지도에 없던 땅이 발견되었지요.
아, 그 땅이 바로 남극이군요.
어? 이런 땅은 지도에 없는데….

또한 남빙양으로 둘러싸인 남극으로는 생물이나 사람이 건너가기 힘든 반면, 대륙으로 둘러싸인 북극은 그렇지 않아서 수천 년 전부터 사람이 드나들 수 있었지요.
남극과 북극의 지리적 조건이 다르기 때문에 여러 가지 차이점이 생긴 것이군요.

네 번째 수업

4

지구의 기후 변화와 극지 생물

최근 지구의 기후 변화의 원인을 알아보고, 그 증거를 찾아봅시다.
또 이러한 기후 변화가 극지 생물에 어떠한 영향을 끼치는지 살펴봅시다.

4

네 번째 수업

지구의 기후 변화와 극지 생물

교과 연계

초등 과학 3-2	2. 동물의 세계
초등 과학 6-1	3. 계절의 변화
중등 과학 1	4. 생물의 구성과 다양성
고등 지학 Ⅰ	1. 하나뿐인 지구
고등 생물 Ⅱ	4. 생물의 다양성과 환경

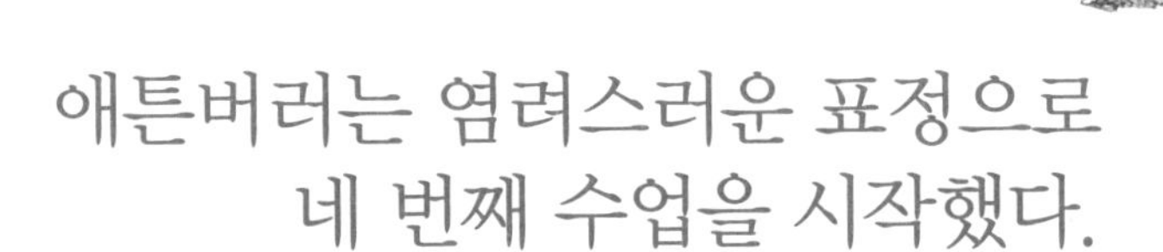

애튼버러는 염려스러운 표정으로 네 번째 수업을 시작했다.

최근 지구가 더워지면서 북극의 얼음이 녹아 북극곰이 살 곳이 없어져 죽는다는 말을 자주 듣습니다. 또 기상 이변이라는 말도 듣습니다. 왜 지구의 기후는 변할까요? 그리고 이러한 변화는 극지의 생물에게 어떤 영향을 끼칠까요?

이번 수업에서는 기후 변화와 극지에 있는 생물에 대한 공부를 하겠습니다. 극지뿐만 아니라 전 세계에 걸쳐 기후 변화가 중요합니다. 조금 어려운 이야기일 수 있으니 내 얘기를 집중해서 듣기 바랍니다.

__ 네, 선생님!

먼저 구분해야 할 것이 있습니다. 바로 기후와 기상이죠. 기후는 기상, 즉 날씨와 다릅니다. 날씨는 하루 이틀 정도의 아주 짧은 시간에 생기는 기온과 바람, 비 같은 현상입니다. 반면 기후란 적어도 수십 년에서 수백 년 또는 그 이상 오랜 시간에 걸쳐 일어나는 추위와 더위, 홍수와 가뭄 등을 통틀어 말합니다.

여기서 하나 묻겠습니다. 혹시 '삼한 사온' 이라는 말을 아나요?

__ 네, 선생님. 삼한 사온은 '사흘 춥고 나흘 따뜻하다' 는 뜻입니다.

맞아요. 바로 여러분이 사는 한국의 겨울 기후가 그렇지요. 여러분의 조상들은 오랜 경험을 통해 겨울에는 3일은 춥고, 4일은 따뜻하다는 것을 알았던 것입니다. 이런 현상은 기상보다는 기후라고 생각해야 합니다. 그러므로 기후가 변한다는 것은 오랜 시간에 걸쳐 일어나는 현상을 말하지요.

그런데 최근 들어 기후가 변한다는 것을 알 수 있습니다. 먼저 최근엔 삼한 사온이라는 말을 거의 들을 수 없습니다. 겨울 날씨가 그렇지 않기 때문입니다.

30~40년 전만 해도 한강이 어는 날짜가 매년 신문에 났고, 한강에서 스케이트를 탈 수 있었습니다. 그러나 지금은

그럴 수 없습니다. 물이 얼지 않기 때문입니다. 또 겨울에는 소의 입 가장자리에 고드름이 주렁주렁 달렸습니다. 고드름이란 물이 흘러내리다가 얼어 끝이 뾰족한 막대기처럼 생긴 얼음을 말합니다. 소의 입 가장자리에 생긴 고드름은 소의 침이 흘러내리다가 얼어서 생겼던 것이지요. 그러나 지금은 그런 일이 거의 없습니다. 이 모든 것은 바로 한국의 기후가 약 30~40년 동안 상당히 변했다는 것을 말합니다.

기후 변화의 원인

온실 효과

혹시 유리로 된 온실에 들어가 본 적 있나요? 온실은 아주 따뜻합니다. 물론 따뜻하게 난방을 하기 때문이지만 바로 유리가 온실 안으로 들어온 열을 바깥으로 나가지 못하게 붙잡고 있기 때문입니다. 즉, 이러한 원리로 지구가 따뜻한 것입니다.

태양의 열이 지구에 닿아 지구가 따뜻해지는데, 이때 공기에 있는 수증기와 이산화탄소가 지면에 닿아 바깥으로 나가는 에너지를 다시 지면으로 돌려보내지요. 만약 이 기체들이

없다면, 지면에 닿는 태양 에너지는 곧장 반사되고 지면은 차가워집니다. 이것은 온실이 따뜻한 원리와 똑같아 수증기와 이산화탄소를 온실 효과를 내는 기체라고 합니다. 온실 효과를 내는 기체는 이들 말고도 메탄가스, 일산화질소, 염화플루오린화탄소가 있습니다. 이 기체들의 온실 효과는 이산화탄소보다 훨씬 강합니다.

온실 효과를 내는 기체들은 그 양이 작아도 지구의 온도에 미치는 영향은 대단합니다. 예를 들면, 수증기는 대기권의 1%에 지나지 않으며 이산화탄소는 0.035%에 지나지 않습니다. 그러나 이 기체들은 한마디로 단열 담요 같은 구실을 합니다. 즉, 이 기체들이 없다면 열에너지는 우주로 돌아가

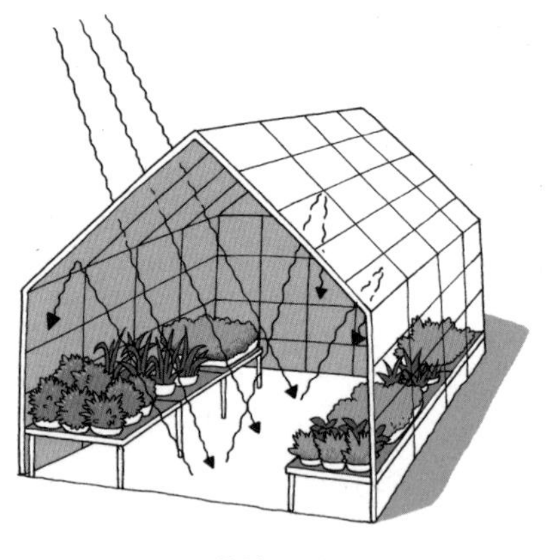

온실 효과

과학자의 비밀노트

금성과 화성

온실 효과를 내는 기체의 중요성을 알기 위해서는 금성과 화성의 온도를 알아보는 것이 아주 좋은 방법이다.

태양에서 두 번째로 가까운 금성의 표면은 이산화탄소와 열을 보존하는 여러 기체들로 두껍게 덮여 있다. 그 결과 금성의 표면 온도는 477℃로 주석과 납을 녹이기에 충분하다. 태양에서 네 번째로 가까운 화성의 대기는 주로 이산화탄소지만 대단히 얇으며 열을 보존할 수증기도 거의 없다. 따라서 화성의 대기에는 온실 효과가 거의 없어서 표면의 평균 온도는 -47℃로 남극 대륙보다도 훨씬 낮다.

금성과 화성 사이에 있는 지구는 이 극단적인 두 가지 예 가운데에 있다. 즉, 지구를 둘러싼 대기에는 지면에서 반사된 태양 에너지를 붙잡아 두기에 충분한 수증기와 이산화탄소가 있다. 또 모든 생명에 절대적으로 필요한 물이 있고, 물로 출렁거리는 바다가 지구 표면의 70.8%를 차지한다. 이것은 생물들이 잘 살아갈 수 있는 환경이 된다.

게 되지요. 따라서 지구는 지금보다 33℃ 정도가 낮아져서 평균 온도가 약 −18℃로, 차게 얼어붙은 눈과 얼음덩어리로 가득할 것입니다.

지구의 운동

기후를 변화시키는 큰 요인 가운데 하나는 바로 지구의 운동입니다. 지구의 운동에는 공전 궤도, 지구 자전축, 지구의 움직임의 변화가 있습니다.

공전 궤도를 설명하기 전에 질문 하나 하죠. 지구에서 태양까지의 거리는 얼마일까요?

__ 지구에서 태양까지의 거리는 약 1억 5천만 km입니다.

그래요. 하지만 지구의 공전 궤도는 타원으로 태양까지의 거리가 500만 km 정도 변합니다. 즉, 지구와 태양이 가까울 때의 거리는 1억 4,500만 km이며 멀 때의 거리는 1억 5,500만 km가 되는 것이지요. 이러한 변화에 따라 지면에 닿는 햇빛의 양이 조금 달라집니다. 당연히 가까우면 햇빛이 많이 닿고 멀어지면 조금 닿습니다. 그러나 이 양은 워낙 미미해 이것만으로는 지구의 기후 변화를 설명하지 못합니다.

우리는 지구가 공전 궤도에 세운 수직선에서 23.5° 기울어져 태양을 공전한다고 알고 있습니다. 그러나 이 값은 22.1°

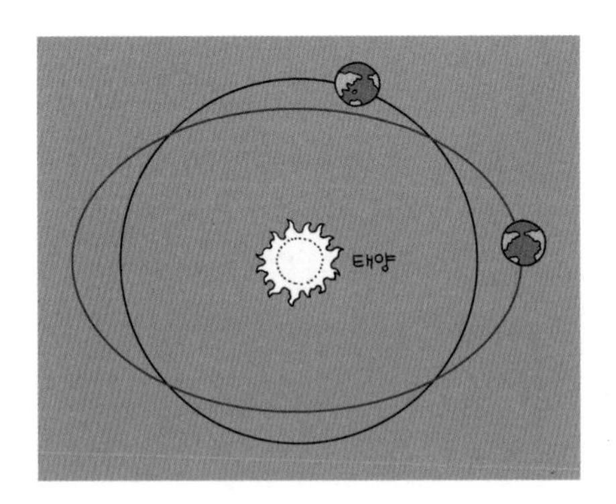

지구 공전 궤도의 변화 : 원 궤도 ↔ 타원 궤도

와 24.5° 사이에서 변합니다. 다시 말하면, 지구가 약간 눕기도 하고 약간 일어서기도 한다는 것이지요. 많이 누울수록 계절 차이가 커지며 고위도 지방에서 더욱 뚜렷한 차이를 보입니다. 이때 지구가 많이 누우면 누울수록 겨울은 더욱 추워지고, 여름은 더욱 더워집니다.

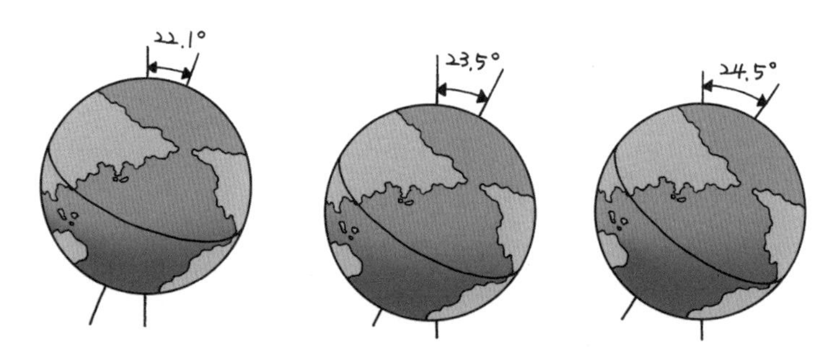

지구 자전축의 변화 : 22.1° ↔ 24.5°

또한 지구는 한쪽으로 기울어진 팽이가 도는 것과 같은 원리로 돕니다. 기울어진 팽이는 팽이 자체도 돌지만, 팽이의 축이 큰 원을 그리면서 돕니다. 이처럼 지구는 공전하면서 꼭짓점의 각이 47°인 거대한 원을 그리면서 돕니다. 이 현상을 지구의 세차 운동이라고 합니다.

이 세 가지 현상을 밀란코비치 원리라 하고, 이러한 변화가 모여 지구는 약 10만 년 주기로 추워지고 따뜻해집니다.

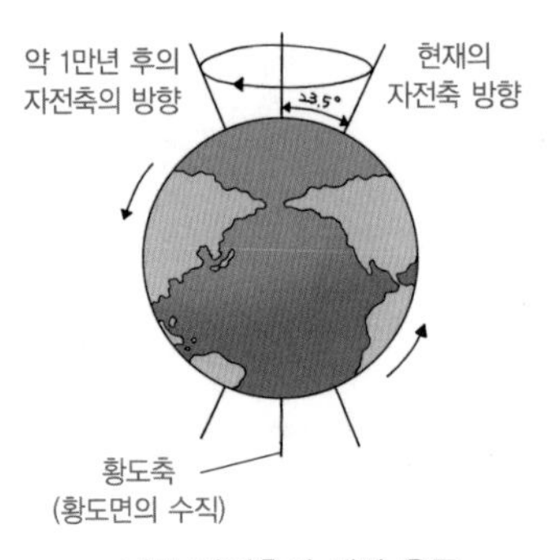

지구 자전축의 세차 운동

추워지면 빙하기이고, 따뜻해지면 간빙기이지요.

사람의 활동도 기후를 변화시킵니다. 즉, 18세기 중엽 산업 혁명이 시작되면서 공장, 증기 기관, 용광로, 주물 공장, 가마에서는 엄청난 양의 석탄과 숯을 때어 공기 중으로 이산화탄소를 날려 보냈습니다. 그 결과, 19세기 후반의 대기 이산화탄소의 농도는 거의 300ppm(성분비나 농도를 나타내는 단위로 1kg에 1mg이 함유되어 있을 때 1ppm)이 되었으며 꾸준히 증가했습니다.

당시에는 아무도 그 변화를 측정할 수 없었지만, 스웨덴의 화학자 아레니우스(Svante Arrhenius, 1859~1927)는 수백만 톤의 이산화탄소가 대기권으로 들어가고 있다며 이산화탄소의 양이 2배가 되면 지구의 평균 온도는 5℃가 올라간다는 것을 알아냈습니다. 1903년 노벨 화학상을 받은 그는 "우리는 탄광을 태워서 그 연기를 공기 중으로 날려 보내고 있다"고 할 정도였습니다.

19세기 후반에는 자동차가 발명되었고, 20세기에 들어오면서 비행기가 발명되어 기름을 연료로 쓰면서 엄청난 양의 이산화탄소를 대기 중으로 뿜어냈습니다. 배와 기차뿐만 아니라 석탄이나 석유를 쓰는 화력 발전소도 마찬가지입니다. 또 인구가 증가하고 산업이 발전하면서 이산화탄소는 대기 중에 점차 많아졌습니다.

현재 연구된 바로는 공기 중으로 뿜어낸 이산화탄소의 50%는 대기 중에서 떠돌고, 30%는 바다로 흡수되며 20%

과학자의 비밀노트

1만 년 전의 지구

흔히 지구는 18세기 중엽, 산업 혁명이 일어나면서 더워지기 시작했다고 믿는다. 그러나 그보다 훨씬 전인 1만 년 전, 농사를 짓기 시작하면서 지구가 더워지기 시작했다는 주장이 있다. 즉, 들판에 불을 질러 농사를 짓기 시작하면서 이산화탄소를 공기 중으로 뿜어내어 지구를 데우기 시작했다는 주장이다. 그 당시에는 한 곳에서 몇 년 동안 농사를 지은 후 농사가 잘 되지 않으면 다른 땅을 태워서 농사를 지었기 때문이다. 게다가 지금으로부터 5,000~7,000년 전, 동남아시아에서 벼농사를 짓기 시작하면서 논바닥에서 메탄가스가 방출되어 지구가 더 빨리 더워졌다고 주장한다. 참고로 메탄가스는 이산화탄소보다 지구를 데우는 효과가 훨씬 강하다.

는 식물이 흡수해 광합성에 쓰입니다. 바다로 흡수된 이산화탄소는 조개나 굴 같은 생물들의 껍데기를 만들거나 가라앉아 석회암이 되지요.

극지가 더워지는 증거

킬링 곡선

혹시 킬링 곡선이라고 들어 봤나요? 킬링 곡선은 화학자 킬링(Charles Keeling, 1928~2005)이 대기 중의 이산화탄소의 양을 측정하여 기록한 그래프를 말합니다. 그는 이산화탄소의 농도를 $\frac{1}{1,000,000}$까지 측정하는 장치를 만들어 하와이에서 1958년 3월부터 측정하기 시작했습니다.

그 결과, 계절에 따라 공기 중의 이산화탄소가 변하는 것을 알 수 있었습니다. 즉, 겨울에는 이산화탄소가 많아지고, 여름에는 적어졌지요. 여름에는 식물이 성장하고, 꽃을 피우며 씨를 맺는 과정에서 이산화탄소를 많이 쓰기 때문에 공기 중의 이산화탄소의 양이 적습니다. 반면 겨울이 오면 식물이 생장 활동을 멈추며 잎이 떨어져 분해되고, 열매가 썩으면서 많은 양의 이산화탄소를 배출합니다.

이 과정은 다음 해에도 되풀이되며 이산화탄소의 양은 마치 뱀이 언덕을 올라가듯이 해마다 조금씩 늘어납니다. 이것은 이산화탄소가 늘어난다는 것을 머릿속으로 생각만 한 것이 아니라 눈에 보이는 자료를 만든 것이었습니다.

킬링 곡선은 남극이든 북극이든 지구가 더워진다는 것을 연구할 때, 반드시 필요한 자료입니다. 그래서 킬링 곡선을 먼저 설명했습니다. 이제 극지에서 지구가 더워진다는 증거를 찾아볼까요?

학생들은 눈을 반짝이며 애튼버러의 말에 귀를 기울였다.

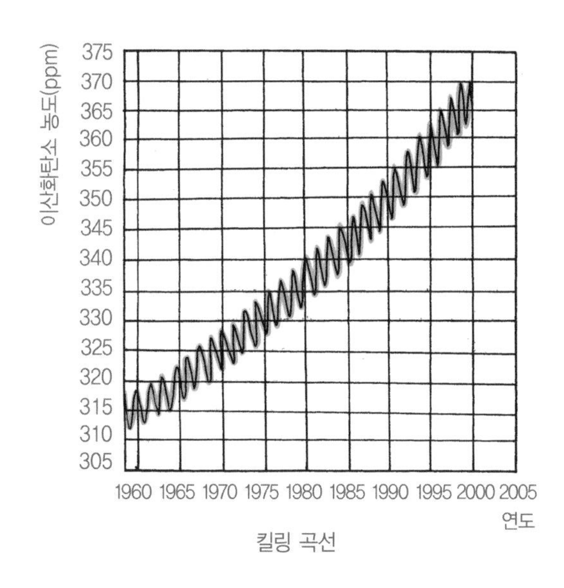

킬링 곡선

남극이 더워지는 증거

먼저 남극 대륙에서도 주요한 온실 기체인 이산화탄소와 메탄가스의 양에 따라 기온이 주기를 가지고 변한다는 것이 밝혀졌습니다. 즉, 남극에서도 가장 추운 러시아 보스토크 기지에서 굴착한 42만 년 전의 얼음을 분석한 결과, 빙하기와 간빙기는 10만 년 주기로 나타난다는 것이 밝혀진 것이지요.

이 그래프를 보면 흥미로운 사실 몇 가지를 발견할 수 있습니다.

첫째, 이산화탄소와 메탄가스의 양은 기온과 함께 변합니다. 즉, 이산화탄소와 메탄가스가 늘어나면 기온도 그만큼 높아집니다.

둘째, 아주 낮아진 기온은 쉬지 않고 올라가 약 5천 년 후에는 최대가 됩니다. 그 직후에는 오르락내리락하며 떨어지기 시작하지요.

셋째, 지금으로부터 12만 5천 년 전에는 지금보다 기온이 높았습니다. 실제로 그때는 기온이 4℃ 정도 높았고, 바다의 높이도 4m 정도 높았습니다.

넷째, 지금으로부터 1만 8천 년 전에는 기온이 아주 낮았습니다. 그때는 이른바, 최후 최대 빙하기로 기온이 지금보다 8℃ 정도 낮았으며 전 세계의 해수면도 130m 정도 낮았

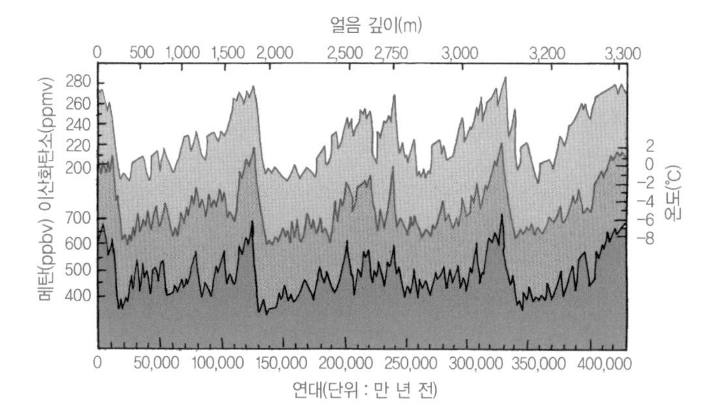

남극 보스토크 빙하에서 복원된 지난 42만 년 동안의 기온 변화와
이산화탄소, 메탄가스의 농도 변화

습니다. 그러다가 1만 1,700년 전부터 따뜻해지기 시작했지요.

다섯째, 다른 빙하기에서는 기온이 최대로 올라간 즉시 떨어지기 시작했지만, 예외적으로 최후 최대 빙하기가 물러난 직후에는 기온이 떨어지지 않았습니다.

보스토크 기지의 얼음을 분석한 결과, 4번의 빙하기와 4번의 간빙기가 보입니다. 남극 대륙의 프랑스-이태리 합동 기지인 콩코르디아 기지에서는 80만 년 전의 얼음을 파 올려 연구했는데, 이 얼음에서도 같은 현상이 관찰됩니다.

남극의 세종 기지와 그 부근에서 지구가 더워지는 증거는 어떤 것이 있을까요? 1988년 2월에 준공되어 오랜 기간은 아

과학자의 비밀노트

남극의 얼음

남극의 얼음은 우리가 생각하는 얼음과 다르다. 즉, 우리가 사는 곳에서는 물이 얼어 얼음이 되는 것이지만 남극에는 물이 거의 없기 때문이다. 그렇다면 남극 대륙을 덮는 그 많은 얼음은 어디에서 오는 걸까? 그 얼음은 눈이 다져져 생긴 얼음이다. 즉, 눈이 두껍게 쌓이면 아래 부분이 눌려서 얼음이 된다. 그러므로 그 얼음에는 눈이 쌓일 때의 공기가 갇힌다.
얼음의 깊이가 깊지 않으면 공기는 작은 방울로 모인다. 그러나 얼음의 길이가 깊어지면 방울이 작아지고, 아주 깊어지면 얼음 결정 사이로 들어가 눈에 보이지 않게 된다. 그 공기를 모아서 분석하면 눈이 쌓일 당시의 기온과 변화를 알 수 있다. 그러므로 남극의 얼음은 남극과 지구 전체의 기후를 가르쳐주는 귀중한 역사책이며 연구 자료이다.

니지만, 10년에 평균 0.6℃가 올라가는 것으로 관측되었습니다. 세종 기지에서 10km 정도 북서쪽으로 떨어진 러시아 기지에서도 기온이 올라가는 것으로 관측되었지요.

남극 반도 일대는 기온이 아주 빨리 올라 1950년 이후, 연평균 온도는 2℃ 올라갔으며 겨울의 평균 온도는 6℃나 올라갔습니다. 또한 세종 기지에서 남서쪽으로 450km 정도 떨어져 있는 영국의 패러데이 기지(현재는 우크라이나의 베르나드스키 기지)는 50년 동안 연평균 기온이 2.5℃ 올라갔습니다.

한 학생이 손을 들어 질문했다.

__ 선생님, 세종 기지 주변의 기온이 올라가는 것 말고, 남극이 더워진다는 증거는 없나요?

물론 있지요! 세종 기지의 북동쪽에 있는 빙벽이 계속 물러나고 있거든요. 이는 1950년대 전후의 항공 사진과 인공위성 사진을 비교한 결과, 알게 된 사실입니다. 과거, 기온이 낮았을 때는 바다 가운데에 와서야 빙벽이 무너졌습니다. 그러나 기온이 올라가면서 빙벽이 바다 가운데까지 오지 못하고 무너집니다. 그 모습이 마치 뒤로 물러나는 것처럼 보여 '빙벽이 물러난다'고 표현하지요. 한편 세종 기지 주변뿐만 아니라 남극 반도 일대의 빙벽도 많이 물러납니다.

빙붕이 깨지거나 사라지기도 합니다. 깨진 빙붕의 대표적인 예는 남극 반도의 동쪽 끝에 있는 라르센 빙붕입니다. 남극 반도의 서쪽 마게리트 만에 있던 워디 빙붕은 1990년대에 완전히 사라지기도 했지요. 이외에 다른 빙붕들도 깨어져 나가 작아지고, 없어집니다.

또한 지구가 더워져 눈과 얼음이 녹는 지역이 넓어졌습니다. 예전에는 눈과 얼음으로 덮인 곳이 상당히 넓었던 지역에 지금은 땅이 드러나지요.

__ 선생님, 옛날에 그 지역이 눈과 얼음으로 덮여 있었다는 것을 어떻게 알 수 있나요?

아주 좋은 질문입니다. 바로 빙퇴석이 있기 때문에 그러한 사실을 알 수 있지요.

빙퇴석이란 얼음이 흘러내릴 때, 얼음이 운반하는 바위와 자갈, 진흙을 말합니다. 즉, 얼음이 운반하는 물질들을 말하지요.

__ 그렇다면 땅이 빙퇴석으로 덮여 있다는 것은 어떻게 알 수 있나요?

지면에 빙퇴석의 특징이 남아 있기 때문입니다. 빙퇴석은 물이 아닌 얼음으로 운반되면서 크고 작은 물질들이 뒤범벅이 되고, 바위나 돌덩이는 둥글지 않고 모가 나 있어 얼음이 운반했다는 것을 보여 줍니다. 또 바위나 돌덩이를 잘 들여다보면 얼음이나 다른 바위에 갈린 흔적이 있습니다.

이것이 바로 빙퇴석의 특징으로, 예전에 그 지역이 얼음으로 덮여 있었다는 것을 알 수 있지요. 그리고 지구가 더워지면서 이런 지역이 점점 넓어집니다.

이러한 증거는 북극에도 있지만 그렇게 많지 않습니다. 하지만 그린란드처럼 얼음이 녹는 곳에서는 쉽게 볼 수 있습니다.

과학자의 비밀노트

극지의 중요성

극지에서는 기후 변화가 아주 크리라 예상되고, 쉽게 측정할 수 있으리라 생각되기 때문에 지구의 기후 변화에 중요한 구실을 한다. 바다의 얼음, 눈으로 덮인 지역, 빙하, 툰드라, 영구 동토 지대, 북극의 숲과 토양, 이 모두가 기후 변화를 설명할 수 있다.

극지를 비추는 햇빛, 지면과 해면의 기온, 대양의 해류가 열을 수송하는 현상, 바닷물의 화학 성분, 대기오염 같은 것들의 작은 변화에도 아주 민감하기 때문이다. 즉, 극지의 대기, 눈, 얼음, 땅, 대양 사이의 상호 작용이 얽혀 일어나는 현상은 남극과 북극 및 지구 전체의 기후 변화를 설명하는 데 아주 중요한 역할을 한다.

북극이 더워지는 증거

북극에서 지구가 더워진다는 증거는 어떤 것이 있을까요?

첫째, 북극에서도 얼음이 가장 적어지는 9월의 경우, 1980년에는 시베리아와 북아메리카 북쪽 바다의 770만 km^2가 얼음으로 덮여 있었지만 시베리아 북쪽의 바다가 녹기 시작해, 얼음 면적이 해마다 줄어들고 있습니다. 따라서 처음에는 북극의 얼음이 2100년에 모두 녹을 것이라고 예측했으나 2050년으로 당겨졌다가, 지금은 2030년 또는 그보다 빠를 것이라 예측합니다.

둘째, 북극의 기온 변화를 보면 북극이 아주 빨리 더워진다

는 것이 한눈에 들어옵니다. 실제로 1989년부터 20년 동안의 기온을 보면 평균 기온보다 낮은 적이 없습니다. 2007년에는 평균 기온보다 무려 2℃나 높았고요. 기온이 올라가면 공기 중에 수증기가 많아지므로 구름이 많이 생기고, 지면에서 반사되는 햇빛을 더 많이 지면으로 되돌려 보냅니다. 따라서 북극의 지면은 더 따뜻해지고 얼음이 많이 녹게 되지요.

북극의 땅은 한국 땅과 달리 조금만 파면 얼어 있습니다. 그 부분을 '영원히 얼어 있는 땅'이라는 뜻으로 영구 동토라고 합니다. 북극의 기온이 많이 오르면 현재 영구 동토가 있는 유라시아 대륙과 북아메리카 대륙 북쪽의 땅이 녹습니다. 언 땅이 녹으면 집이 쓰러지고, 다리가 내려앉으며 석유 관이 휘어집니다. 그런데 얼었던 땅이 녹을 때 왜 건물이 기울어질까요?

학생들이 잘 모르겠다는 듯 고개를 갸우뚱거렸다.

얼었던 땅이 녹을 때, 많이 녹는 곳이 있고 적게 녹는 곳도 있겠죠? 따라서 한 건물이라도 내려앉는 정도가 달라 비스듬하게 기울어집니다. 원유 수송관이 휘어지거나 다리가 쓰러지는 것도 같은 이유이지요. 도로도 마찬가지입니다. 얼기 전에 아무리 평탄했더라도 겨울에 꽝꽝 얼었던 길은 녹으면서 울퉁불퉁해집니다. 또 아스팔트 도로가 깨어지고 부스러집니다.

그러므로 알래스카 주에는 한국처럼 아스팔트 도로가 그렇게 많지 않습니다. 자갈길이 대부분이지요. 물론 시내에서는 땅을 아주 깊게 파서 두꺼운 아스팔트 포장을 하는 경우도 있지만 대개의 도로는 자갈길입니다.

오존 구멍

여러분, 냉장고가 식품을 차갑게 유지하는 이유는 무엇입니까? 바로 냉매라는 물질이 압축되었다가 팽창될 때, 주위의 열을 흡수해 물체를 차게 만드는 것이지요. 팽창된 냉매를 압축시키면 열을 내어놓아 따뜻합니다. 이것을 방열기라 하며 냉장고나 냉방기의 바깥 부분에 있어, 그 아래를 지나가면 따뜻한 바람이 나옵니다.

지구 환경이 나빠진 큰 이유 중 하나로 냉매 속에 있는 염소를 들 수 있습니다. 즉, 지금은 염소가 포함된 냉매를 만들지 않지만 과거에 사용했던 냉매 속 염소가 하늘 높은 곳에 모여 오존층을 깨뜨렸고, 오존층이 얇아졌지요.

냉매의 역사를 간단히 이야기해 볼게요. 1930년대만 해도

자동차 냉방 장치의 냉매는 암모니아나 아황산가스였습니다. 그러나 이 기체들은 냄새가 나고 위험했기 때문에 제너럴 모터스 회사(GMC)에서는 염화플루오린화탄소라는 냉매를 개발했습니다. 염화플루오린화탄소는 안전하고 냄새도 나지 않아 아주 좋은 냉매로 인정받았고 '프레온'이라는 상표로 자동차와 가정, 공장에서 사용되었습니다. 미용실에서 쓰는 헤어스프레이에도 프레온 가스를 썼지요.

그러나 1980년대 남극의 오존층을 측정한 결과, 염화플루오린화탄소의 염소 성분이 지상 20～25km에 있는 오존 분자를 깨뜨린다는 것이 밝혀졌습니다. 바로 영국 핼리 기지의 오존의 양이 매년 남반구의 봄이 시작되는 9～10월에 유난히 적어지는 것이 발견되었지요. 그 주범이 염화플루오린화탄소라는 것이 밝혀졌고, 결국 1987년 몬트리올 협정에서는 염소가 섞인 냉매를 줄여 나중에는 만들지 않기로 약속했습니다. 그러므로 남극의 오존층은 천천히 회복되리라 믿습니다. 오존층은 남극에서만 얇아지는 것은 아니지만 먼저 발견되었고 그 정도가 심해, 남극의 오존층을 자주 예로 드는 것이지요.

1990년대 중반부터 남극에서 이루어진 수년간의 연구에는 오존층이 아주 얇으면 꽃피는 식물들이 덜 자란다는 결과가 있습니다. 그렇다면 오존층이 깨지면 왜 생물에게 나쁠까요?

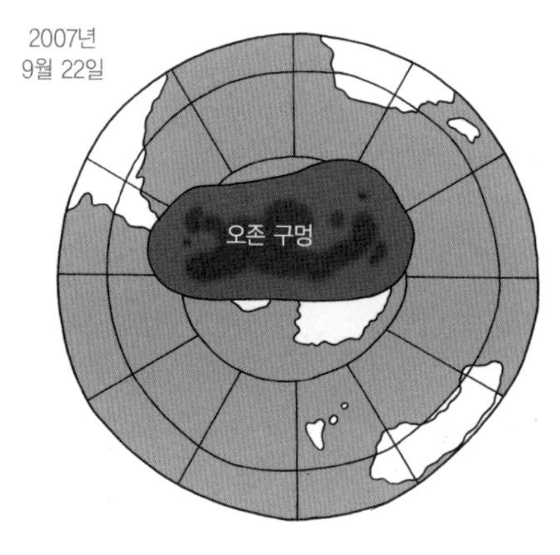

남극의 오존 구멍

바로 오존층이 해로운 자외선을 막아 주지 못하기 때문입니다. 자외선은 파장에 따라 나눌 수 있는데 그중 자외선 B(UV−β)는 생물에게 해롭습니다. 식물이 자외선 B를 많이 받으면 덜 성장하고, 사람은 피부암이나 백내장이 생긴다는 주장이 있지요.

남극의 생물 변화

지구가 더워지면 남극의 생물에게는 어떤 변화가 생길까요? 2009년 3월의 한 발표를 보면, 지난 30년 동안 남극 반도의 기온이 오르면서 서부 남극 반도의 북쪽 바다에 사는 식물 플랑크톤이 12% 줄어들었다고 했습니다. 지구가 더워지

면서 바람의 방향과 세기가 변하고, 구름이 늘어나면서 햇빛을 가려 식물 플랑크톤의 생장에 필요한 햇빛을 충분히 받지 못했기 때문입니다.

식물 플랑크톤이 남극 동물 먹이 그물의 기본이 되는 크릴의 먹이라고 생각하면 이것은 그냥 지나칠 일이 아닙니다. 크릴이 적어지면 크릴을 먹고 사는 동물들이 줄어들 것은 불을 보듯 뻔하기 때문이지요.

또한 땅과 물속에서 식물이 자라는 속도는 자외선의 많고 적음에 영향을 받습니다. 앞서 말한 것처럼, 지구가 더워지면 오존층이 얇아져 해로운 자외선을 막아 주지 못합니다.

남빙양의 얼음 위에서 주로 생활하는 아델리펭귄도 최근 급격하게 줄어들었습니다. 이유는 주요한 먹이인 크릴이 적어지고, 얼음이 녹아 그들이 올라가 있을 곳이 없어졌기 때문입니다.

실제로 남극 반도 서쪽에 있는 앙베르 섬의 미국 파머 기지에서 30년간 펭귄을 관찰한 결과, 아델리펭귄은 1975년 약 15,000쌍에서 2006년에는 3,000쌍 정도로 뚜렷이 줄어들었습니다.

디옹 군도에서 서식했던 황제펭귄도 최근 없어졌다는 것이 알려졌습니다. 1948년, 집단 서식지가 발견되었을 때에는

500마리 정도가 있었으나 2000년 겨울에는 단 9쌍만 있었다니 지금쯤 완전히 없어졌을 겁니다. 디옹 군도는 남극 반도 서쪽에서 황제펭귄이 서식했던 유일한 곳입니다. 세종 기지의 앞바다는 아주 추운 해에는 50~60cm 정도의 두께로 얼어 있습니다. 그때는 황제펭귄이 세종 기지가 있는 곳의 바다까지 온 적도 있지요. 그러나 이제는 디옹 군도의 황제펭귄이 사라지면서, 바다가 얼어도 오지 않으리라 생각됩니다.

기온이 올라가면서 북쪽의 따뜻한 곳에 사는 동물들은 남쪽으로 내려옵니다. 남극 세종 기지에 나타난 황제펭귄과 유럽참새가 그 예입니다. 이 새들은 북쪽에 살지만 남쪽이 따뜻해져 내려왔던 것입니다.

유럽참새

북극의 생물 변화

지구가 따뜻해지면 북극곰이 사라질 거라는 말 들어 봤지요? 동면을 하지 않는 북극곰은 주로 얼음 위에서 먹이를 잡습니다. 날카로운 후각으로 얼음 속에 숨겨둔 해표 새끼들을 찾아내어 먹고 살지요. 또는 숨구멍에 나타난 해표를 때려서 잡거나 얼음 구멍에 모인 흰고래를 잡아먹습니다. 흰고래는 바다가 너무 넓게 얼면 군데군데 있는 얼음 구멍 부근에 모여 숨을 쉬다가 북극곰에게 죽음을 당합니다.

그러나 북극의 얼음이 녹으면서 북극곰이 살 곳도 없어집니다. 살 곳뿐만 아니라 올라가 쉴 곳이 없어지면서 물에 빠져 죽을 위험마저 생깁니다. 북극곰은 헤엄을 잘 치지만 가끔 얼음 위로 올라가야 하거든요. 2010년 여름에는 큰 북극곰이 작은 북극곰을 잡아먹은 광경이 사진으로 찍히기도 했습니다. 그만큼 북극곰이 먹이를 잡기 힘들어진다는 것으로 생각됩니다.

극지의 얕은 땅은 얼고 녹기를 되풀이하면서 땅에 묻힌 것이 조금씩 올라옵니다. 이런 현상 때문에 평지에서는 다각형의 구조토가 생기고, 기울어진 곳에서는 평행 구조토가 생기지요. 다각형 구조토의 가운데는 아주 고운 진흙이 모이지만 식물이 자라기는 힘듭니다. 이는 그 부분에 다른 곳보다 물이 많아 식물이 자라기 힘들기 때문인 것으로 생각됩니다. 반면 불규칙한 구조토 사이에는 모래와 잔자갈, 흙이 섞여 있어 식물이 자랍니다. 식물들은 흙에 뿌리를 내린 후에는 땅이 얼고 녹는 것에는 구애받지 않고 살아갑니다.

지구가 더워지면 흙의 수분 함량이 변하고, 무기물이 활발해져 식물의 생태를 바꿉니다. 흙이 변하면 흙 속의 미생물이 변하고, 미생물이 변하면 식물에게도 영향을 주지요.

하지만 지구가 더워져도 지면의 상태가 당장 크게 변할 것 같지는 않습니다. 대신 식물들이 새로운 환경에 적응하리라 믿습니다. 예를 들면, 눈이 덜 덮이는 곳에는 꽃피는 식물들의 분포 지역이 넓어질 가능성이 있지요. 이런 현상은 북극뿐만 아니라 남극도 마찬가지입니다.

만화로 본문 읽기

선생님, 지구가 더워지면 남극이나 북극에는 어떤 영향을 주나요?
최근 기후 이변으로 지구의 온도가 높아지고 있습니다.
생물들에게 큰 영향을 주지요.
기후 이변

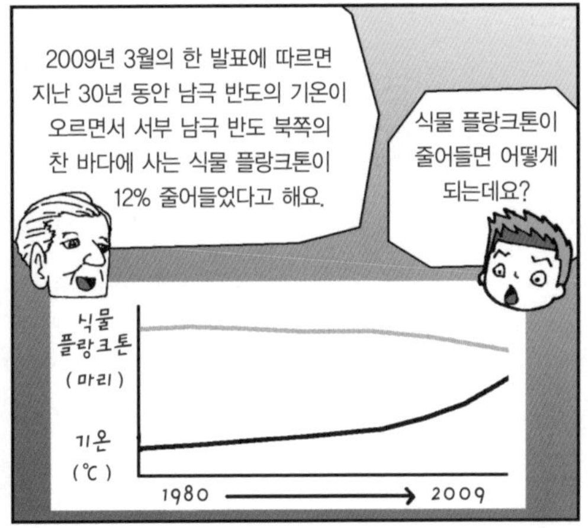
2009년 3월의 한 발표에 따르면 지난 30년 동안 남극 반도의 기온이 오르면서 서부 남극 반도 북쪽의 찬 바다에 사는 식물 플랑크톤이 12% 줄어들었다고 해요.
식물 플랑크톤이 줄어들면 어떻게 되는데요?
식물 플랑크톤 (마리)
기온 (℃)
1980
2009

식물 플랑크톤은 남극 동물 먹이 그물의 기본이 되는 크릴의 먹이예요.
아, 그러니까….
식물 플랑크톤이 줄어들면 크릴이 줄어들고, 크릴을 먹고 사는 동물들도 줄어들겠군요.
동물들
크릴
식물 플랑크톤

최근 남빙양의 얼음 위에서 생활하는 아델리펭귄이 급격하게 줄어들었는데, 주요한 먹이인 크릴이 적어지고 올라가 있을 곳이 없어졌기 때문이지요.
그게 모두 기후 이변 때문에 생긴 일이군요.
아이고, 배고파 죽겠네.

그래요. 북극의 얼음이 녹으면서 북극곰이 살 곳도 없어지고 있어요. 쉴 곳이 없어지면서 북극곰이 물에 빠져 죽을 위험마저 생겼지요.
기후 이변이 남극, 북극에 끼치는 영향이 크네요.

현재 연구된 바로는 기온이 평균 1.5℃만 올라가도 종의 30%가 없어지게 될 위험에 처할 것으로 염려되고 있습니다.
휴, 정말 큰일이군요.

다섯 번째 수업

5

극지 생물의 이용과 연구

극지는 여러모로 우리가 연구해야 할 이유가 있습니다.
극지에 대한 어떤 연구가 이루어지고 있으며
이를 통해 극지를 이용할 수 있는 방법은 어떤 것이 있는지 알아봅시다.

5

다섯 번째 수업

극지 생물의 이용과 연구

교.	초등 과학 3-2	2. 동물의 세계
과.	초등 과학 6-1	3. 계절의 변화
연.	중등 과학 1	4. 생물의 구성과 다양성
계.	고등 지학 I	1. 하나뿐인 지구
	고등 생물 II	4. 생물의 다양성과 환경

애튼버러는 가벼운 마음으로 다섯 번째 수업을 시작했다.

우리가 극지를 연구하는 가장 큰 이유 중 하나는 극지의 생물을 이용하기 위함입니다. 즉, 잘 이용하려면 잘 알아야 하지요. 먼저 극지의 생물을 이용하는 방법을 알아봅시다.

극지 생물의 이용

식량으로 이용

__ 선생님, 극지에 있는 생물들도 먹을 수 있나요?

예, 물론 먹을 수 있습니다. 북극에 있는 생물들은 옛날부터 북극 원주민의 식량으로 이용되었지요. 그중 일각고래와 흰고래를 포함하여 고래, 해표, 그리고 바다코끼리의 고기가 주요 식품이었습니다. 그러나 지금은 원주민들도 이 동물들의 중요함을 알아 필요한 양 외에는 잡지 않으므로 멸종될 염려는 없습니다.

현재 지구에 있는 동물 가운데 가장 큰 고래는 버릴 게 없는 동물입니다. 즉, 고기는 먹고, 기름은 산업이나 조명용으로 쓰였으며 뼈는 조각 재료, 고래의 수염은 여자의 옷을 만드는 데 사용되었지요.

21세기가 되었다고 인간이 극지의 생물을 전혀 이용하지 않는 것은 아닙니다. 지금도 크릴이나 파타고니아이빨고기 같은 극지의 생물을 잡지요.

흔히 남극새우라 부르는 크릴은 새우가 아닌 동물 플랑크톤이라고 이야기했던 것 기억하나요? 일본인이나 러시아인들은 크릴을 먹기도 하지만, 대부분의 크릴은 사료로 쓰이거나 낚시의 미끼로 쓰입니다. 최근 들어 한국에서는 크릴을 이용해 죽을 만들기 시작했고요.

파타고니아이빨고기는 흔히 '메로'라고 부르며 살이 하얗고 기름이 많아 아주 맛있는 물고기입니다. 크기가 크면 1m가 넘으며 남빙양 심해에 바늘을 늘어뜨려 잡습니다. 이 물고기는 양이 많지 않은 것으로 생각되어 한국을 포함한 몇 개의 나라에 포획량을 할당하고, 엄격하게 보호합니다.

북극의 베링 해에서는 핼리벗과 킹크랩, 그리고 명태를 많이 잡습니다. 핼리벗은 1m가 넘는 가자미 계통의 생선이며, 킹크랩은 다리 사이의 길이가 1m가 넘는 큰 게입니다. 미국과 러시아는 잡을 수 있는 양과 기간, 그리고 크기를 정해서 이 생물들을 보호하며 킹크랩은 수컷만 잡습니다. 명태는 잘 알다시피 찬물에 사는 물고기로, 과거에는 한국의 동해에서 엄청나게 잡혔지만 지구가 더워져 북쪽으로 올라가면서 지

과학자의 비밀노트

남극의 크릴

현재보다 인류의 수가 많아지면, 크릴이 인류의 식량을 담당할 가능성도 있다. 물론 농업 생산량을 늘리고, 축산물과 수산물의 양도 늘어나겠지만 수산물 가운데 가능성이 큰 후보 중 하나는 크릴이다.

크릴은 남빙양의 고래와 펭귄, 물개와 해표의 먹이가 되어 남극의 먹이 그물을 이루므로 크릴을 잡는 것이 과연 현명한지는 논란이 된다. 그러나 크릴은 워낙 많아, 어느 정도는 잡을 수 있다는 것이 전문가들의 공통된 생각이다. 현재 크릴은 플루오르가 많고, 잡아올리자마자 변질되는 특성이 있다. 그러므로 수산생물학자와 영양학자들은 이러한 특성을 해결하여 많은 사람들이 쉽게 크릴을 조리하고, 이용할 방법을 찾는다.

금은 베링 해에서 잡힙니다.

한편 북극해 자체에도 물고기가 있지만, 얼음에 덮여 있어 거의 잡지 못했습니다. 그러나 최근 들어 지구가 더워지면서 북극해를 덮는 얼음이 녹고 있기 때문에 멀지 않아 북극해에 있는 생물들을 잡을 수 있게 될 것입니다.

털과 가죽의 이용

식량 이외에 극지의 생물을 이용하는 방법에는 무엇이 있을까요?

__ 극지에는 보드라운 털을 가지고 있는 동물이 많은 것 같

아요.

맞아요. 보드라운 극지 동물의 털을 이용하여 모자, 숄, 목도리, 장갑, 코트 같은 것을 만들었고, 이것은 입은 사람도 따뜻하며 보는 사람도 따뜻하게 느끼지요. 또 권력과 부의 상징이 되기도 했고요. 하지만 수달, 물개, 족제비, 비버, 은여우, 해표 등 고운 털이나 가죽을 가진 동물들이 엄청나게 죽었습니다.

고운 털을 가진 동물들은 주로 추운 지방에서 삽니다. 따라서 남극이 발견되기 전까지는 주로 북반구의 추운 곳인 캄차카 반도나 알래스카 주, 알류샨 열도에 있는 동물들을 잡았습니다. 그러면서 이곳으로 러시아의 모피 사냥꾼이 몰려들어 동물들이 줄어들기 시작했지요.

그러나 1819년 남극이 발견되자, 사냥꾼들은 남극으로 몰려들기 시작했습니다. 이 중 남극 가운데 가장 먼저 발견되었고 사람이 가기 쉬운 남셰틀랜드 군도에는 남극물개가 아주 많았는데, 발견된 직후 4년 동안 약 30만 마리의 남극물개가 죽음을 당했습니다. 어미가 죽자 10만 마리에 가까운 새끼들도 죽음을 당했지요. 당시 중국인들은 남극물개의 가죽을 좋아했고, 서양인들은 중국의 차와 도자기, 비단을 좋아했기 때문에 물물교환을 할 정도로 남극물개의 가죽은 중국

인들에게 아주 인기가 많았습니다.

이렇게 물개 사냥꾼들이 남극에 있는 물개들을 너무 많이 잡아 씨가 마를 정도로 없어지면서, 물개 산업은 1820년대 초에 망했습니다. 그 후 수십 년이 지나 물개의 수가 늘었고, 약 10년 동안 남극의 물개 산업이 부흥하는 듯 했지만 그러지 못했습니다.

북극에서는 1970년대와 1980년대에 고기와 털가죽을 이용하기 위해 해표와 바다사자를 잡았습니다. 어미도 잡았지만 새끼의 털이 아주 보드랍기 때문에 종에 따라 새끼를 많이 잡았지요. 그러나 미국과 러시아뿐만 아니라 강경 환경 보호

과학자의 비밀노트

영하 60℃보다 낮은 온도를 견디는 섬유

남북극의 기온이 아주 낮다는 것은 상식이다. 기온이 영하 60℃ 아래로 낮아지면 인견이나 나일론, 고어텍스처럼 사람이 만든 섬유는 부스러진다. 섬유뿐만 아니라 비닐, 고무, 플라스틱, 유리도 부스러지며 캔이 깨어지고 금속도 약해진다. 하지만 이러한 온도에서 견디는 것은 놀랍게도 솜, 비단, 여우의 털, 오리털, 낙타털, 늑대 가죽, 양털, 토끼털 같은 천연 섬유이다. 이 중 솜을 제외한 모든 천연 섬유는 동물의 털이나 가죽, 깃이다. 따라서 아직까지 영하 60℃ 아래에서 부스러지지 않는 섬유를 만드는 것은 섬유공학자들의 꿈이다.

단체인 그린피스가 이들을 보호할 것을 강력하게 주장하면서, 지금은 원주민의 생활에 필요한 정도만 잡으며 대부분의 해표와 바다사자가 보호됩니다. 그린피스는 한때 해표 사냥꾼이 새끼 해표를 잡지 못하게 하려고 앞에서 말한 대로 새하얀 털에 붉은 물감을 뿌려 놓기도 하였습니다.

기름의 이용

질문 하나 할게요. 지금은 석유로 전기를 만들어 불을 켜지만, 석유가 없었을 때에는 어떻게 등을 켰을까요?

__ 그에 대체하는 무언가가 있었을 텐데…….

석유가 발견되기 전에는 고래의 기름을 이용하여 불을 켜고, 비누와 약품을 만들었습니다. 처음에는 북반구 고래의 기름만으로 부족하지 않았지만 수요가 많아지면서 고래가 줄어들기 시작했지요. 그러자 고래잡이들은 남반구로 눈을 돌려, 남극 대륙의 해안과 섬에서 코끼리해표를 잡기 시작했습니다. 수컷의 무게가 3.5~4톤 정도인 코끼리해표는 1마리에서 약 700L의 기름을 얻을 수 있습니다. 그러나 코끼리해표는 그렇게 많지 않아, 해표를 잡는 일은 곧 기울어졌습니다.

__ 그런데요, 선생님. 해표의 기름은 어떻게 짜내나요?

해표의 내장과 고기, 그리고 뼈를 삶아야 기름을 최대로 짜

낼 수 있습니다. 그러려면 석탄이나 나무가 있어야겠지요? 그러나 남극엔 나무가 없습니다. 그렇다고 남극까지 석탄을 싣고 가기도 쉽지 않았습니다. 그렇다면 어떻게 했을까요?

바로 남극에서 가장 구하기 쉬운 동물로 석탄이나 나무를 대신했지요. 바로 기름이 많은 펭귄을 태워서 해표의 기름을 짰습니다. 그러나 코끼리해표와 펭귄은 많지 않았고, 펭귄은 쉽게 잡히지도 않아 해표를 잡아 기름을 짜는 일은 오래가지 못했습니다.

코끼리해표가 없어지자 이번에는 남극의 고래로 눈을 돌려 엄청난 수의 고래를 잡았습니다. 처음에는 고래를 잡아 해안으로 가져와 처리했습니다. 그러나 즉시 처리가 가능한 배가 개발되어 잡는 자리에서 고래를 곧장 처리하기 시작하면서, 대왕고래, 참고래, 혹등고래, 향유고래처럼 몸집이 큰 고래들이 눈에 띄게 줄어들었습니다.

그러자 1920년대부터 고래잡이들 스스로 고래를 덜 잡자는 의견을 내놓기 시작했습니다. 따라서 지금은 연구용으로 매년 몇 백 마리만 잡자고 약속하여 보호하고 있습니다. 그 결과, 몸집이 큰 고래는 잘 늘어나지 않아 아직 옛날만큼 회복되지 못한 반면, 수염고래 가운데 몸집이 가장 작은 밍크고래는 상당히 많아졌다고 고래학자들은 말합니다.

밍크고래

또한 1970년대 러시아와 노르웨이 같은 나라들은 남극에 있는 해표를 수백 마리씩 잡았으나, 영국의 주도하에 남극물개와 해표를 보호하자는 국제 협약을 맺기에 이르렀습니다. 그 결과, 남극에 있는 남극물개와 해표가 많이 늘어났지요. 그리고 1800년대 중반, 미국에서 원유가 발견되어 우리 생활에 주로 쓰이기 시작하면서, 동물의 기름을 쓰는 일은 많이 사라졌습니다.

극지 생물의 연구

극지의 생태계

생태계가 무슨 뜻인지 아나요? 생태계란 생물과 그 생물이 사는 환경을 합친 체계를 말합니다. 즉, 생물이 사는 곳의 온도, 공기 성분, 그리고 수분과 다른 생물 간의 관계를 포함한 온갖 것을 생태계라고 합니다. 따라서 생물은 혼자 살지 못하고 다른 생물과 관련을 맺고 주어진 환경에서 살아가는데, 그 관계를 생태계라 하며 생태계를 연구하는 학문을 생태학이라고 합니다.

극지의 생물을 연구하는 가장 큰 이유는 극지의 생태계를 밝히려는 목적입니다. 극지의 생태계를 알면 극지의 환경을 보호할 수 있고, 극지의 생물을 보호하고 이용할 수 있기 때문입니다. 대표적인 예가 바로 남극물개와 해표, 그리고 고래를 보호하는 것이지요.

극지의 생태계도 다른 곳과 마찬가지로 생물 간에 먹고 먹히는 먹이 그물으로 구성되어 있습니다. 극지 먹이 그물의 바탕이 되는 크릴은 첫 번째 수업에서 이야기한 것처럼, 몸길이 3~5cm 정도의 동물 플랑크톤으로 극지에 있는 모든 동물의 직접, 간접적인 먹이가 됩니다. 예를 들어, 극지의 먹이 그물에서 최고의 자리에 있는 이빨고래들도 크릴에게 의존합니다. 왜냐하면 이빨고래의 먹이인 대왕오징어와 물개, 펭귄과 해표가 크릴을 먹고 살기 때문입니다. 이빨고래 가운데 가장 큰 향유고래는 주로 대왕오징어를 먹고 살며 범고래는 주로 수염고래나 물개, 해표를 먹지만 가끔 펭귄도 먹습니다.

따라서 대왕오징어는 큰 물고기를 잡아먹고 큰 물고기는 덜 큰 물고기를 잡아먹는 식으로 내려와, 결국 크릴을 주로 먹고 사는 작은 물고기까지 내려옵니다. 그런 의미에서 크릴은 극지 먹이 그물의 바탕이 된다고 볼 수 있지요.

수염고래는 크릴이 모여 있는 물을 한입 가득 들이마신 다

대왕오징어

음, 물은 수염 사이로 내보내고 입속에 남은 크릴만 삼킵니다. 수염은 결국 고래의 위턱에 있는 먹이를 거르는 여과 장치인 셈이지요.

__ 선생님, 지상에서 몸집이 가장 큰 동물인 수염고래가 크릴을 먹는다는 게 좀 이상해요.

언뜻 생각하면 고래처럼 아주 큰 동물이 크릴을 잡아먹는다는 것이 믿기 힘들겠지요. 하지만 잘 생각해 보면 고래가 아주 똑똑하다는 것을 알게 될 겁니다. 왜 그럴까요?

살아가는 데 필요한 만큼만 먹이를 먹으면 되는 것이지, 몸집이 크다고 꼭 큰 먹이를 어렵게 따라가 잡아먹을 필요는 없습니다. 작은 먹이가 아주 많다면 많이 먹어서 영양분을 취하면 되지, 굳이 큰 먹이를 따라가 힘들여 잡아먹을 필요가 없다는 말입니다. 그렇지요?

__ 아……, 그렇군요.

그러므로 수염고래는 어렵게 먹이를 따라가지 않고 천천히 헤엄쳐 다니면서 많은 크릴을 잡아먹습니다. 물고기 가운데 가장 큰 고래상어도 수염으로 먹이를 걸러 먹지요. 또한 중생대에 살았던 익룡의 화석을 보면 수염이 있어, 수염고래처럼 먹이를 먹었다고 상상됩니다.

자, 그렇다면 생태계는 어떻게 연구할까요? 생태계를 연구하려면 크릴을 비롯해 펭귄이나 남극비둘기, 갈매기 같은 새들과 포유동물, 어류, 그리고 조개, 성게, 해삼 등의 먹이와 습성, 그리고 태어나 크고 죽는 과정을 알아야 합니다.

남극비둘기는 몸집이 통통하며 하얀 새로, 남극에 있는 새 가운데 발가락 사이에 물갈퀴가 없는 유일한 새입니다. 주로 해표가 새끼를 낳는 곳에서 그 태반을 쪼아 먹거나 해안에서 파도로 밀려온 생물체를 먹고 살지요. 남극의 바다에도 우리가 알고 있는 종과는 다르지만 조개와 해삼, 그리고 성게가 있습니다.

또한 어떤 생물이 사는지 뿐만 아니라 생물들이 사는 곳의 환경을 알아야 합니다. 즉, 바다에 사는 생물이라면 물의 온도와 염분, 그곳의 깊이와 녹아 있는 산소의 양, 땅바닥과 물속에 떠 있는 물질의 양과 종류를 알고 그 변화를 알아야 합니다. 땅에서 사는 생물이라면 온도와 습도, 바람과 태양빛의 세기를 알고 그 변화를 알아야 하겠지요. 밤과 낮은 물론이고 계절에 따른 변화, 그리고 더 긴 변화도 알아야 합니다.

이러한 자료들을 결합해서 생물들의 변화를 설명할 수 있으면, 우리는 생태계를 어느 정도 안다고 말할 수 있습니다. 예를 들어, 크릴의 변화를 얼음과 바닷물의 흐름으로 설명할 수 있다면 크릴의 생태를 좀 안다고 볼 수 있는 것이지요.

과학자의 비밀노트

고래를 연구하는 방법

고래를 연구하는 방법에는 관찰과 기록, 실험 등이 있다. 고래는 종과 개체에 따라 특징이 있어 그것을 알면 고래 1마리마다의 움직임과 생활을 알 수 있다. 예를 들면, 혹등고래는 꼬리지느러미가, 범고래는 등지느러미가 모두 달라, 관찰을 통해 해당하는 주인공을 쉽게 찾을 수 있다.

최근에는 바다 속의 음파를 기록하여 고래의 움직임을 알 수 있다. 즉, 고래는 수심 1,000m 정도 되는 곳의 음파 통로(sofar channel)를 통해 수천 km가 떨어진 다른 고래와 이야기하는 것으로 알려져 있다. 음파 통로에서는 음파가 줄어들지 않고 멀리 전달되기 때문이다.

고래의 피부를 조금 뜯어내어 기생충이나 유전자 같은 것을 알아내는 실험을 하기도 한다. 또한 바닷가로 밀려온 고래의 등에 무선 발신기를 붙여 바다로 돌려보내 그들의 움직임을 추적할 수 있다.

극지의 생물 보호

생물과 지하자원의 차이는 무엇일까요?

__ 음……, 생물은 지하자원과 달리 사람이 없앤다고 완전히 없어지지 않아요.

그래요. 이를 두고 '생물 자원은 재생산된다' 고 하지요. 극지의 생물도 마찬가지입니다. 따라서 우리가 극지의 생물을 연구하는 가장 큰 이유 중 하나는 재생산되는 생물을 이해하고, 보호하려는 것입니다.

생물을 보호하려면 생물의 특성과 생태계를 알아야 하며

생물이 사는 지역의 물리 · 화학적 특성을 알아야 합니다. 생물이 사는 지역의 지형과 물리 · 화학적 특성을 아는 방법은 바로 바닷물의 특징과 움직임을 아는 것입니다. 그리고 이것을 알려면 바다의 수심에 따르는 수온과 염분, 그 안에 녹아 있는 산소를 포함한 여러 가지 물질의 성질을 알아야 합니다. 그러면 물의 기원과 움직임을 알 수 있지요.

물은 액체이지만 그 특징이 금방 사라지지 않고, 여러 성분들이 쉽고 빠르게 섞이지 않기 때문입니다. 또 영양 염류, 식물 플랑크톤과 동물 플랑크톤 및 치어를 포함한 바닷속의 크고 작은 생물들을 모두 알아야 합니다. 영양 염류란 물속의 식물과 동물이 먹고 사는 성분이며 치어란 물고기의 아주 작은 새끼를 말합니다.

극지 생물의 특성이 알려지면 그 생태계는 더 잘 보호될 것이며, 그들에게 큰 영향 없이 사람이 이용할 수도 있을 것입니다. 크릴은 남빙양에 6억~8억 톤 정도가 있다는 연구가 있어, 사람들은 연 십만 톤의 크릴을 잡습니다. 반면 파타고니아이빨고기는 늦게 자라지만, 그 양이 워낙 적어 엄격하게 보호됩니다. 하지만 이러한 사실을 알지 못하고 고기가 맛있다고 생각 없이 잡다가는 아주 귀중한 자원을 잃어버릴 수도 있습니다. 이것은 우리 자신에게도 문제지만 후손에게는 더

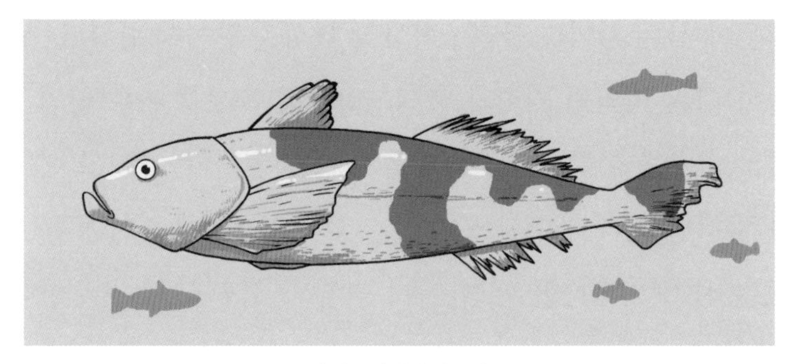

파타고니아이빨고기

큰 문제가 되겠지요.

인간의 삶의 질 향상

인류가 만든 가장 위대한 약 가운데 하나인 페니실린은 푸른곰팡이를 배양하여 얻은 물질이에요. 1929년, 영국의 미생물학자 플레밍(Alexander Fleming, 1881~1955)이 발견한 페니실린은 수많은 사람의 생명을 구했습니다. 시시한 곰팡이로부터 그렇게 좋은 약품이 나오리라고는 꿈도 꾸지 못한 일이었지요.

하지만 최근 이와 비슷한 물질이 극지 생물로부터 나올 수도 있다는 기대를 갖게 되었습니다. 극지의 생물을 연구해 우리의 생활 수준을 높이려는 연구가 시작되었기 때문입니다. 즉, 지금까지 연구가 거의 되지 않아 알려지지 않은 유용한 물질을 찾으려는 것이지요. 예를 들면, 여러분이 좋아하는 아이스크림을 녹지 않고 오래 보존하는 물질을 개발한다거나 수분이 오래가 굳지 않는 화장품을 만들 수도 있지요.

이러한 연구의 재료는 극지의 물이나 흙, 동물의 배설물, 이끼, 해조류나 해면, 해삼처럼 어떻게 보면 중요하지 않고 흔한 것들입니다. 하지만 흔하고 시시하게 보이는 것들이 잘 살아가는 것은 나름의 무엇이 있다고 생각됩니다. 예를 들어 해면은 움직이지도 못하고, 해삼은 움직임이 아주 느리지만 이들이 극지에서 살아가는 것은 그 동물에게 있는 어떤 성분 때문에 천적에게 쉽게 죽지 않고 번식한다고 상상되기 때문입니다. 실제로 뱀이나 복어, 독개구리의 독에서 뽑아낸 물질은 아주 귀중하게 쓰이고 있지요.

따라서 극지 생물에서 유용한 물질을 분리해 잘 연구한다면, 우리의 생활이 훨씬 나아질 수 있습니다. 항암 물질이나 연구용 시약, 공업용 물질, 그리고 정밀 화학제품과 기름을 분해하는 능력이 탁월한 미생물 등이 그 예입니다. 최근 미생물학과 유전자 연구를 포함한 분자 생물학이 발달하면서 기대되는 분야이지요. 그러나 새로운 연구가 다 그렇듯이, 오랜 시간과 끊임없는 관심이 있어야 원하는 연구 성과를 이룰 수 있습니다.

이를 위해 한국의 한국해양연구원 부설 극지연구소의 과학자들은 남극의 지의류에서 항산화 효능이 뛰어난 화합물과 피부의 세포를 빠르게 늘리는 성분을 분리해 냈습니다. 이 물질들은 기능성 화장품의 원료나 화상을 치료하는 약으로 쓰일 것입니다. 이런 약이 생긴다면 피부가 빨리 재생되어 피부에 탄력이 생기고, 상처가 빨리 아물게 되겠지요. 한마디로 우리 생활의 질을 높인다고 할 수 있지요. 또 꽃피는 식물인 남극좀새풀에서는 저온에 특이한 반응을 보이는 유전자를 분리하였습니다. 그리고 남극 세종 기지와 북극 다산 기지 부근의 식물에서는 극지 박테리아를 분리하였으며 극지 생물의 유전자를 모으고 있지요.

이러한 활동은 극지의 고유한 유전자원을 개발하는 첫 단계입니다. 오랜 시간이 걸리겠지만, 차곡차곡 전진하는 밑거름이 될 것입니다.

과학자의 비밀노트

생물이 얼지 않으려면

극지에 사는 모든 생물은 무엇보다 낮은 기온 때문에 몸이 얼지 않아야 한다. 그러므로 생물학자들은 생물체를 얼지 않게 하는 물질, 즉 결빙 방지 물질의 구조와 성분, 그리고 원리를 찾아 오랜 시간 연구해 왔다.

결빙 방지 물질은 단백질의 일종으로 얼음 결정의 표면에 붙어 얼음이 생기는 것을 막아, 세포가 얼지 않도록 하는 것이다. 결빙 방지 물질은 뼈와 피, 신경도 얼지 않게 한다.

이러한 결빙 방지 물질은 냉동 생물 공학의 여러 분야에서 이용돼, 식품 저장이나 약품 보관 등에 유용하게 쓰이리라 생각된다.

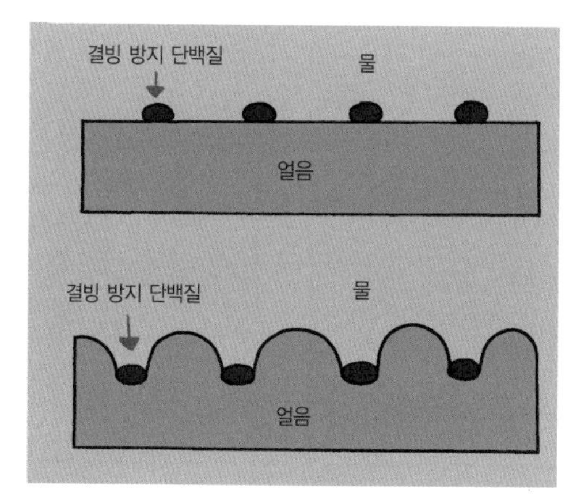

결빙 방지 물질의 원리

만화로 본문 읽기

오늘은 극지 생물들을 어떻게 이용하고, 어떤 연구를 했는지 알아볼까요?
극지의 생물들을 먹는 것 이외에 다른 방법으로 이용하기도 했나요?

그럼요. 그중 하나가 바로 극지 동물의 보드라운 털을 이용하는 것이지요. 그래서 사냥꾼들은 고운 털이나 가죽을 가진 동물들을 엄청나게 죽였어요.
아, 그래서 환경 보호 단체에서 극지 동물을 보호하자고 주장했었군요.

또 어떻게 이용했나요?
지금은 석유로 전기를 만들어 불을 켜지만 석유가 발견되기 전에는 고래의 기름으로 불을 켰고, 비누와 약품을 만들었지요.
비누

그러려면 고래가 엄청나게 필요했겠는데요?
그래서 고래잡이들은 1920년대부터 고래를 덜 잡자는 의견을 냈고, 지금은 보호 차원에서 연구용으로 매년 몇백 마리만 잡자고 약속하고 있지요.

생물은 지하자원과 달리 사람이 없앤다고 완전히 없어지지 않고, 두고두고 쓸 수 있습니다. 우리가 극지 생물을 연구하는 가장 큰 이유 중 하나도 재생산되는 생물들을 이해하고, 보호하려는 것이지요.
그렇군요.
남극 연구 기지
생물 자원은 재생산되지!

따라서 생물을 보호하려면 생물의 특성과 생태계를 알아야 하고, 생물이 사는 지역의 물리 · 화학적 특성도 알아야 하지요.
오늘도 극지 생물에 관한 많은 것을 배우고 가요, 선생님!

마지막 수업 6

멸종된 동물들

사람을 비롯해 모든 생물, 동물은 영원히 살 수 없습니다.
하지만 한때 살다 사라진 동물도 있습니다.
멸종된 동물을 알아봅시다.

6

마지막 수업

멸종된 동물들

교.	초등 과학 3-2	2. 동물의 세계
과.	초등 과학 6-1	3. 계절의 변화
연.	중등 과학 1	4. 생물의 구성과 다양성
계.	고등 지학 I	1. 하나뿐인 지구
	고등 생물 II	4. 생물의 다양성과 환경

애튼버러는 심각한 표정을 지으며 마지막 수업을 시작했다.

드디어 마지막 수업 시간이 되었군요. 그동안 배운 내용들 잘 기억하고 있지요?

__ 네, 선생님.

오늘 수업에서는 생물이 멸종되는 과정과 멸종 위기에 처했거나 멸종된 생물에 관한 이야기를 하도록 하겠습니다. 이것은 극지 생물에만 해당되는 것이 아니므로 일반 동물의 멸종을 먼저 알아보고, 극지에서 멸종된 동물에 관해 이야기하도록 하죠.

우리는 이렇게 멸종된 생물을 배움으로써 새로운 멸종이

생기지 않도록 할 수 있습니다.

__ 궁금해요. 얼른 이야기해 주세요.

생물이 멸종되는 과정

생물들은 왜 사라질까요?

__ 먹을 것이나 살 곳이 없어져서요.

__ 서로 싸우다가 죽어서 사라질 것 같아요.

그래요, 잘 대답했습니다. 이것은 하나하나를 나누어 설명할 수 있지만 서로 얽히기도 하지요. 먼저 먹을 것이 없어진다면 생물들이 살지 못하고 없어질 것은 분명합니다. 식물은 물이 없고, 토질이 척박하면 살지 못합니다. 동물도 물과 먹이가 없어지면 살지 못하지요. 또한 풀이 없으면 초식 동물이 살지 못하고, 따라서 육식 동물이 살지 못합니다.

물이 없어지는 것은 기후의 변화와 인간의 활동 때문입니다. 기후의 변화란 건조해지는 것을 말합니다. 인간의 활동이란 숲을 없애 물을 없어지게 한다거나 물길을 바꿔 흘러오던 물을 막는 것을 말하지요, 땅 위의 물은 대부분 빗물이며 비는 항상 풍족하게 내리는 것은 아니기 때문에 물을 잘 관리해야 합니다.

먹을 것이나 살 곳이 없어지는 과정은 크게 2가지가 있습니다. 기후 변화와 환경 파괴가 그것이지요. 기후 변화는 대자연이 원인인 경우도 있고 사람이 원인인 경우도 있습니다. 하지만 환경 파괴란 모두 사람이 원인이 되는 것을 말합니다. 즉, 사람의 영향 때문에 생물들이 살지 못하는 것을 말하지요.

기후가 변하는 원인을 설명하는 것은 아주 길고 복잡합니

과학자의 비밀노트

산호

지구의 환경 변화를 가장 잘 보여 주는 것 중 하나가 바로 산호이다. 나뭇가지처럼 보이는 산호는 세포가 1개인 식물 조류에 공생하는 동물이다. 따라서 조류의 종에 따라 산호는 여러 가지 색깔을 내는데, 수온이 올라가 조류가 죽으면 산호도 죽어 색깔이 사라진다. 산호는 수온이 2℃만 올라가면 6~8주 내에 죽어서 탈색되는 것으로 알려져 있다.

산호는 바다의 열대 우림과 같아서 25%의 해양 생물에게 집을 제공한다. 그러나 지구가 더워지면서 산호가 멸종될 위기에 처해 있다. 오스트레일리아의 그레이트배리어리프에서는 곳에 따라 산호의 40%가 죽어 누렇게 변색되고 부스러진다.

따라서 산호가 죽는다는 것은 바다에 문제가 있다는 뜻이다. 그러므로 산호를 살리는 것은 지구의 환경을 살리는 것과 직접 연결되어 있고 그만큼 어렵다.

다. 이 중 간단히 1가지 이유를 설명하자면 지난 시간에 이야기한 대로 태양의 움직임과 그 변화에 따라 지구에 도달하는 햇빛의 양이 달라지는 것을 들 수 있지요.

환경 파괴는 20세기 들어 인구가 늘어나고, 인간의 활동이 많아지면서 과도하게 지구를 개발하는 과정에서 발생합니다. 사람마다 먹을 것과 살 곳이 필요하며 그것은 국가와 개인에 따라 다르지만 분명한 것은 점점 많이 필요해진다는 사실입니다. 또한 인간은 현실에 만족하지 않고 자꾸 더 나은 것을 찾기 때문에 인간보다 약한 생물들이 죽음을 당하기도 하지요.

애튼버러가 학생들에게 질문했다.

인간이 생물을 멸종시켰다면 믿을 수 있나요?

_ 네……?

믿기 힘들겠지만 인간이 동식물을 멸종시킨 예가 있습니다. 바로 사람들이 먹고살기 위해 생물들을 없애는 경우입니다. 그러므로 이것은 잘 모르고 멸종시켰다고 보아야겠지요. 지금은 그렇지 않지만 농사를 짓기 전에는 동물들을 식량으로 이용했기 때문입니다.

도도새

또한 16~17세기에 서양 사람들은 아메리카 대륙과 오스트레일리아, 태평양의 여러 섬을 휩쓸며 많은 동물을 죽였습니다. 그중에서도 뱃사람은 섬에 있는 동물들을 식량으로 삼으며 많이 없앴지요. 대표적인 예가 바로 인도양 모리셔스 섬에 있던 도도새입니다. 상당히 크고 고기가 많았던 이 새는 날지 못해 쉽사리 잡혔지요. 따라서 섬에 올라온 선원들은 도도새를 방망이로 잡아 식량으로 사용했습니다.

무섭다고 죽여서 없앤 동물도 있습니다. 바로 오스트레일리아의 타이라신이지요. 늑대 크기인 이 동물은 1936년, 동

물원에서 죽은 것이 마지막 타이라신입니다. 오스트레일리아 정부는 그 후 현상금을 내걸고 타이라신을 찾았으나 아직 발견되었다는 보도는 없습니다. 한국 맹수의 대표였던 호랑이를 비롯해 표범과 늑대가 사라진 것도 사람 때문입니다. 일제 강점기 때, 이 짐승들이 무섭다며 죽였고 6 · 25 전쟁 때문에도 많은 동물들이 사라졌습니다. 여우도 마찬가지고요.

또한 집을 짓고 길을 내면서 동물들이 살 곳이 점점 줄어들었습니다. 예를 들어 고속 도로가 생기면 동물들이 사는 곳을 갈라놓고, 오가는 것을 막는 것이 되지요. 따라서 고라니나 멧돼지, 고슴도치 같은 동물들이 길에서 많이 죽습니다. 이른바 '로드 킬(road kill)'이라고 하지요.

아스팔트와 시멘트로 만들어진 도로는 지렁이가 파고 들어가지 못하고, 콘크리트 벽은 새끼 뱀이 기어오르지 못합니다. 동물들도 사람처럼 조용한 곳을 좋아하는데, 그런 곳이 점점 없어지면서 동물들이 사라지는 경우도 있습니다. 등산로에 가까운 곳에서 새들이 알을 적게 낳는 것을 보면 알 수 있지요. 또한 우리가 산에 올라가 고함을 지르는 것은 동물들에게 참을 수 없는 소음이 됩니다. 그러면서 동물들은 쫓기고, 숨게 되며 결국 사라지게 되지요.

하지만 사실 멸종되었어도 모르는 경우가 많습니다. 왜 그럴까요? 바로 흔적과 증거가 없기 때문입니다. 그림이나 사진, 화석이 남아 있으면 알 수 있지만 그렇지 않다면 없어졌는지조차 모릅니다. 그러므로 멸종되었다는 것을 아는 생물은 그나마 다행이며 그마저 모르는 생물들이 아주 많습니다.

애튼버러가 화제를 전환하며 말했다.

식물끼리도 싸우는 것을 알고 있나요?

__ 정말요?

아마존 열대 우림의 조르기 무화과는 근처에 있는 나무를 조여 죽입니다. 보통 다른 나무 위에 뿌리를 내리는 이 무화과는 처음에는 위에서 뿌리를 내려 옆에 있는 나무에 가지 하나를 걸치는 식으로 다가간 다음, 모든 뿌리로 그 나무를 감아 결국 죽게 만듭니다. 또 잎이 넓은 식물인 칡이 많아지면, 칡넝쿨의 아래가 어두워져 식물들이 살지 못합니다.

원래 그 지역에 없던 종이 침입해 옛날부터 잘 살아오던 종을 죽이는 경우도 있습니다. 하와이에서는 새소리를 거의 들을 수 없는데, 이는 원래 새가 없기 때문이 아니고 사람의 실수로 새를 없앴기 때문입니다. 약 1천 년 전 마오리 족이 그곳에 왔을 때 쥐가 따라왔고, 그 쥐들이 섬에 있는 새들을 많

이 잡아 없앴지요. 그 후 18세기에 유럽인들이 오면서 상황은 더욱 나빠졌습니다. 쥐는 배에 숨어들어 사람이 가는 곳은 남극 말고는 거의 모든 곳을 따라가거든요. 쥐가 많아지자 유럽인들은 쥐를 잡기 위해 사향고양잇과의 몽구스를 섬에 가져다 풀어놓았습니다.

몽구스가 어떤 동물인지 아나요?

__ 네, 독사도 잡아먹는 동물이에요.

그래요. 몽구스는 행동이 아주 빠르고 이빨이 날카로워 웬만한 독사는 그들의 먹이가 됩니다. 그러나 몽구스는 사람의 의도와는 달리 쥐가 아닌 새를 잡아먹기 시작했습니다. 따라서 하와이에서 새소리를 듣지 못하게 된 데에는 사람의 무지와 책임이 아주 큽니다.

한국에도 그런 예가 있습니다. 바로 황소개구리가 일례이지요. 1970년대 농가에서 키워 팔기 위해 수입된 황소개구리는 이제는 야생이 되어 한국의 토종 개구리를 잡아 없앱니다. 또 다른 물고기나 민물 생물을 닥치는 대로 잡아먹는 물고기 블루길도 마찬가지입니다.

이런 외래종의 문제는 동물에만 있는 게 아니라 식물에도 있습니다. 예컨대, 아카시아는 19세기 말에서 20세기 초에 한국으로 들어온 나무로 생장이 빨라 웬만한 곳에는 다 있지요. 하지만 아카시아는 곧게 자라지 않아 토종 식물을 짓밟았으나 경제성이 없어 거의 쓸모없는 나무로 취급됩니다.

이렇게 외래종은 들여올 생물과 현재 살고 있는 생물들의 생태, 환경과의 관계를 완전히 알고 난 다음에 들여와야 합니다. 그렇지 않으면 뜻밖의 어려움을 만나게 되고, 그것을 해결하기는 아주 어렵기 때문입니다.

외래종의 침입은 외국 왕래가 잦아지면서 더욱 많아지고 문제가 되리라 생각합니다. 즉, 외국에 갔다가 돌아올 때에는 그곳의 생물을 들여오지 말아야 합니다. 호기심이나 기념으로 숨겨온 동물이나 식물이 반갑지 않은 일을 일으킬 수도 있습니다. 더구나 어떤 일을 일으킬지 미리 알기는 아주 어렵기 때문이죠.

과학자의 비밀노트

외래종의 이용

외래종의 침입을 해결하는 방법 가운데 하나는 그것의 장점을 알고, 이용하는 것이다. 아카시아의 경우, 꿀은 이미 많이 따지만 나무는 크게 이용하지 못하고 있다. 그러나 일본에서는 아카시아의 목재를 네모나고 곧게 만드는 방법을 찾아냈다. 반면 이용 가능성이 전혀 없는 외래종을 위해서는 또 다른 좋은 해결책을 찾아야 한다.

멸종된 생물들

지구의 역사가 얼마인지 아나요?

__ 네, 지구의 역사는 46억 년 정도가 되었고, 생물은 약 35억 년 전에 나타났습니다.

그래요. 그러므로 지구가 생겨난 이래 수많은 생물이 나타났다가 없어졌겠지요. 먼저 약 1만 년 전, 사람이 농사를 짓기 시작한 후 없어진 동물에 관한 이야기를 하겠습니다. 사람들은 농사를 짓기 전, 동물들을 사냥하며 먹고 살았습니다. 그러면서 반드시 사람이 없앤 것은 아니지만, 몸집이 큰 매머드, 단도이빨고양이, 다윈밀로돈, 메가테리움 같은 동물

매머드

이 멸종되었습니다.

매머드는 키가 4m에 몸무게가 6톤 정도 나가며 아주 긴 상아를 가지고 있는 동물입니다. 매머드는 유라시아 대륙과 아시아 대륙, 북아메리카 대륙에 걸쳐 아주 넓은 곳에서 살았습니다. 그런데 매머드는 몸집이 워낙 커 동작이 느리고, 1마리만 잡아도 많은 양의 고기를 얻을 수 있었기 때문에 사람들의 좋은 표적이 되었습니다.

매머드는 유라시아 대륙과 북아메리카 대륙에서 1만 년 전에, 북극 척치 해의 브랑겔 섬에서는 4천 년 전에 사라졌습니다. 북극에 마지막으로 남아 있던 매머드는 에스키모가 사냥한 것으로 보이고요.

위턱에만 단도 같은 송곳니 2개가 있는 단도이빨고양이는 먹이를 어떻게 죽였을까요? 단도이빨고양이는 송곳니가 아주 길어, 사자처럼 먹이의 등에 올라타 단칼에 목덜미를 찔러 죽였다고 생각할 수도 있습니다. 그러나 단도이빨고양이는 먹이를 두 발로 잡아당겨 쓰러뜨린 다음, 뱃가죽을 찔러서 죽였다고 합니다. 포유동물은 배가 찢어져 내장이 나오면 아주 쉽게 죽거든요.

이렇게 길고 날카로운 송곳니를 자랑했던 단도이빨고양이는 1만 년 전, 지구의 기후가 따뜻해지면서 풀과 나무가 달라

져 그들의 먹이인 초식 동물이 없어지자 멸종된 것으로 보입니다.

다윈밀로돈은 몸길이가 7m 정도인 빈치류로 털이 치밀하게 나 있고, 다리가 굵은 초식성 포유동물입니다. 진화론을 주장한 영국의 다윈(Charles Darwin, 1809~1882)이 남아메리카의 아르헨티나에서 이 동물의 화석을 발견해, 다윈밀로돈이라 부릅니다. 행동이 느렸던 이 동물은 단도이빨고양이의 좋은 먹이가 되었지요.

한 학생이 손을 들고 질문했다.

__ 선생님, 빈치류는 어떤 동물인가요?

다윈밀로돈

아, 내가 그걸 설명 안 했군요. 빈치류란 개미핥기나 나무늘보나 아르마딜로처럼 이빨이 없거나 있어도 아주 약한 동물을 말합니다. 다윈밀로돈은 빈치류라는 점에서 현재 살아 있는 나무늘보와 친척 관계에 있다고 생각됩니다. 그러나 다윈밀로돈은 몸집이 너무 커 나무늘보처럼 나무에 매달려 살지 못하고, 땅 위에서 기어 다니면서 살았기 때문에 '땅늘보' 라고도 합니다.

칠레 남쪽의 마젤란 해협에서 북쪽으로 200km 정도 떨어진 곳에는 다윈밀로돈이 살았던 동굴이 있습니다. '밀로돈 동굴' 이라 부르는 이곳은 19세기 말에 발견되었고, 화석과 가죽은 유럽의 박물관으로 팔려 나갔습니다.

고생물학자들은 화석으로 남은 배설물을 연구한 결과, 다윈밀로돈이 약 1만 년 전까지 살았다는 것을 알아냈습니다. 또한 뒷다리와 꼬리를 삼각대처럼 세우고 나뭇잎과 잔가지를 뜯어먹었다고 상상했지요. 그러나 지금은 양이나 말처럼 네발로 걸어 다니며 풀을 뜯어 먹었다고 해석합니다. 다윈밀로돈은 단도이빨고양이처럼 천적에게 죽은 것이 아니라 기후가 바뀌면서 먹이가 없어져 죽은 것으로 생각됩니다.

메가테리움은 몸길이가 7m 이상이며 빈치류에 속하는 동물입니다. 체격이 튼튼하고 다리와 발톱이 길며 행동이 둔하

고, 어린 나뭇잎과 풀, 둥근 뿌리 같은 것을 먹었습니다. 이들은 남, 북아메리카 대륙에서 살았고, 단도이빨고양이의 먹이가 되다가 기후 변화로 완전히 없어진 것으로 보입니다.

지금까지 멸종된 동물의 예를 몇 가지 알아보았지요? 그들의 대부분은 역사 시대(문자로 쓰인 기록이나 문헌 따위가 있는 시대)에 멸종되었습니다. 이제부터는 같은 시대에 멸종되었지만, 앞에서 이야기하지 않은 생물들에 대해 알아보겠습니다.

'스텔러바다소' 라는 뜻의 스텔러해우라는 이름을 들어본 적 있습니까?

학생들은 잘 모르겠다는 듯 고개를 가우뚱거렸다.

스텔러해우는 베링이 캄차카 반도와 쿠릴 열도를 탐험했을 때, 함께했던 박물학자 스텔러에서 그 이름이 유래되었습니다. 스텔러가 캄차카 반도에서 유럽인으로는 최초로 이 동물을 발견해 기록했거든요.

이 동물은 주둥이가 돼지처럼 길고, 몸통은 굵은 원통형이며 허리 아래부터 훌쭉해지고 꼬리지느러미와 가슴지느러미가 있습니다. 길이가 거의 8m이고, 무게가 11톤이 넘는 스텔러해우는 해초를 먹고 살다가 1768년경 인간에게 멸종되어 지금은 책에 그림이나 박물관에 유골이 남아 있을 뿐입니다. 몸집은 크지만 성격이 유순하고 많은 양의 고기를 얻을 수 있었으며, 가죽은 보트를 만드는 데 쓰였을 정도로 질기고 두꺼웠기 때문입니다.

스텔러해우는 모양과 크기, 사는 곳은 다르지만 매너티, 듀공과 같은 계통입니다. 모두 포유동물이며 지느러미가 있고, 물풀을 먹고 살며 행동이 빠르지 않을뿐더러 온순합니다.

포유동물뿐만 아니라 새도 멸종되었습니다. 바로 북아메리카 대륙에 있었던 단 1종의 앵무새인 캐롤라이나앵무입니다. 연두색 날개와 노르스름한 목, 붉은 얼굴에 미색 부리를 가진 이 앵무새는 18세기 초에 발견되어 학계에 보고되었습니다. 그러나 1920년경 마지막으로 볼 수 있었고, 지금은 박물학자들이 남겨 놓은 책에서만 그 모습을 볼 수 있지요.

북아메리카 대륙의 상아부리딱따구리 또는 하얀부리딱따구리도 1700년대 중반까지는 발견되어 그림으로 그려지기도 하였습니다. 배와 가슴, 날개의 일부가 검정색이며 귓불에 주황색 깃털로 삼각형의 큼직한 관이 있고, 부리가 하얀 이 새는 멸종된 것으로 보입니다. 그 후 2005년, 미국의 아칸소주에서 목격되었다는 보고가 있습니다. 아직 확인된 것은 아

니지만, 사실이라면 아주 대단한 발견이지요.

야생에서는 멸종되었지만 사람이 보호해 식물원에서 살고 있는 꽃도 있습니다. '프랭크리니아'라고 부르는 이 꽃은 하얀 꽃잎에 암술, 수술은 황색이며 북아메리카 대륙에서 1765년에 발견되어 학계에 보고되었습니다. 그 후 이 꽃은 야생에서는 없어졌지만 식물원에서 살고 있습니다. 프랭크리니아는 미국 정치가이자 과학자, 철학자인 프랭클린(Benjamin Franklin, 1706~1790)의 이름을 따 부르는 것이지요.

프랭크리니아

과학자의 비밀노트

페이지 박물관

페이지 박물관은 미국의 로스앤젤레스에 있다. 박물관이 있는 자리는 원유가 증발된 다음 남는 시커먼 타르(tar)가 모여 있는 곳이다. 타르는 시커먼 죽처럼 끈적거려 어떤 동물이라도 한 번 빠지면 나오기 힘들다.

타르 늪에 빠져 허우적거리던 매머드를 잡아먹으려고 단도이빨고양이가 덤벼들었다. 그러나 얼마 있지 않아 단도이빨고양이도 죽을 위험에 처했다. 그러자 늑대가 단도이빨고양이를 공격했다가 버둥거렸고, 독수리를 비롯해 많은 동물들이 쉬운 먹이를 먹으려다 나오지 못하고 늪에 빠져 죽었다. 타르 늪에서 발견된 동물들의 살은 썩었어도 뼈는 화석이 되어 지금도 계속 나타난다. 물론 바람에 쓸려 들어간 식물과 벌레의 화석뿐만 아니라 인디언 여자의 화석도 발견되었다. 이 화석들을 연구하면 당시의 기후와 동물들이 살았던 환경을 알 수 있다. 또한 그 여자 인디언이 어떻게 그곳에서 화석이 되었는지를 밝히는 일은 과학자들의 임무이다.

거의 멸종되었다가 살아남은 생물들

사람 때문에 거의 없어질 뻔했다가 살아남은 동물이 몇 종 있습니다. 이런 동물의 대부분은 극지에서 살지요. 어떤 동물일까요?

먼저 남극물개, 대왕고래, 혹등고래, 향유고래처럼 몸집이

큰 동물입니다. 남극물개는 19세기에 많이 없어졌다가 가죽을 찾는 사람이 줄어들어 잡지 않으면서 자연히 늘어났습니다. 그러다가 1970년대에 남극의 해표를 보호하자는 약속을 할 때, 남극물개가 포함되어 보호받고 있지요. 몸집이 큰 고래가 현저하게 줄어들자, 1920년대부터 고래를 보호하자는 말이 고래 사냥꾼들 사이에서 나오기 시작해 1986년부터 보호를 받고 있습니다.

그러나 몸집이 작은 고래들은 많이 늘어났어도 큰 고래들은 그렇게 많이 늘지 않아, 고래를 아끼는 사람들을 안타깝게 합니다.

북극에서도 많이 없어졌다가 보호를 받는 동물들이 있습니다. 알래스카 주의 해표와 북극물개는 가죽 때문에 무분별하게 사냥을 당해 많이 없어졌다가 보호를 받게 되면서 조금씩 늘어났습니다. 북극에만 있는 바다코끼리는 원주민들에게 적당한 숫자를 잡게 하고 보호하기 때문에 줄어들 위험은 없지요.

갈색 털에 몸집이 탱크처럼 생긴 미국들소를 아나요? 북극에서 살지 않지만 이 동물도 거의 없어질 뻔했다가 보호되어 늘어났습니다. 즉, 19세기 북아메리카 대륙에는 6,000만 마리의 들소가 있다는 보고가 있었을 정도로 엄청나게 많았습니다. 유럽인들은 사격 실력을 자랑하기 위해 장난으로 들소를 쏘기도 했으며 가끔은 고기도 먹고, 가죽도 썼습니다. 그러나 들소가 아주 많다는 것이 알려지자, 들소의 혀만 잘라내고 버렸습니다. 소의 혀 요리가 아주 맛있듯이 들소의 혀 요리도 맛있었기 때문입니다.

그러나 들소를 마구잡이로 죽이다 보니 20세기 초에는 1,000마리도 남지 않게 되었습니다. 그러자 놀란 미국 정부는 들소를 보호하기 시작했고, 지금은 몇 만 마리로 늘어났지요. 또한 최근 알래스카 주에서는 들소 수십 마리를 해당 주에 옮겨와 잘 적응하여 사는지를 실험합니다.

사라진 동물들을 복원하기 위한 노력

혹시 영화 〈쥐라기 공원 1〉을 보았나요? 스필버그가 감독한 그 영화를 보면, 호박 속에서 화석이 된 모기로부터 공룡의 유전자를 뽑아 타조의 알에 넣어서 공룡을 복원합니다. 호박은 송진 같은 나무의 진이 굳어져 생긴 화석으로 공룡의 피를 빨아 먹은 모기가 송진에 싸여 화석이 되었던 것입니다. 따라서 그 모기 속의 피는 공룡의 피로, 공룡의 유전자가

들어 있는 것이지요.

이것은 상상으로부터 시작된 것이지만, 과학자들은 멸종된 동물의 유전자로 그 주인공을 복원하려는 노력을 합니다. 예를 들면, 일본의 생물학자들은 매머드의 세포핵을 아시아 코끼리의 난자에 집어넣어 매머드를 복원하려고 합니다. 매머드가 현재 살아 있는 동물 가운데 아시아 코끼리와 가장 비슷하기 때문입니다.

매머드는 아직 복원되지 못했지만, 일부 복원이 시작된 동물들이 있습니다. 그 가운데 하나가 바로 앞에서 말한 타이라신입니다. 즉, 오스트레일리아 학자들은 타이라신의 표본에서 유전자를 뽑아내어 쥐의 난자에 넣어 봄으로써 그 유전자가 연골과 뼈를 만든다는 것을 알아냈습니다. 타이라신과 쥐는 크게 다르지만 유전학으로 비슷한 점이 있기 때문에 쥐를 이용한 것이지요.

멸종된 동물을 복원하는 것은 쉽지 않아, 어떤 과학자는 '폐차장에서 보잉 747을 조립하려는 계획' 이라며 혹평했습니다. 그래도 우리는 희망을 버리지 않고, 열심히 노력해야겠지요.

과학자의 비밀노트

멸종된 동물들의 유전자를 찾아서

최근 분자 생물학자들은 멸종된 생물의 유전자를 분리해 냈다. 1984년에는 140년 전 멸종된 '콰가' 라는 얼룩말 계통의 동물의 껍질에서, 1991년에는 7,500년 된 북아메리카 원주민 미라의 뇌에서 유전자를 분리해 냈다. 이 원주민의 유전자는 사람에게서 분리한 가장 오래된 유전자이다. 또한 1992년에는 도미니카의 호박에서 2,500만 년 된 흰개미의 유전자를 분리해 냈다.

최근에는 유전자를 분리하는 것을 넘어 유전체(게놈)의 초안을 해독한다. 즉, 2008년 미국의 과학자들은 매머드의 게놈을 해독했으며 3만 8,000년 전에 살았던 네안데르탈인의 게놈 초안을 발표하기도 했다. 2010년에는 4,400년 전에 살았던 에스키모의 게놈이 완전히 해독되었다.

유전체를 밝히는 일은 해당 생물체가 진화된 과정을 밝히는 데 큰 도움이 된다. 따라서 이러한 여러 가지 정보를 수집하면 주인공을 복원하는 데 좀 더 가능성이 높고, 쉬운 방법을 택할 수 있다.

만화로 본문 읽기

선생님, 영화에서는 공룡의 피를 빨아 먹은 모기를 이용해서 공룡을 복원했는데 실제로도 가능한가요?
영화는 물론 상상이에요. 그렇지만 과학자들은 멸종된 동물들의 유전자로 그 주인공을 복원하려는 노력을 계속하지요.
예를 들어, 일본의 생물학자들은 매머드의 세포핵을 아시아 코끼리의 난자에 집어넣어 매머드를 복원하려는 노력을 하고 있어요. 매머드가 현재 살아 있는 동물 가운데 아시아 코끼리와 가장 비슷하기 때문이지요.
그런데 매머드는 왜 멸종했나요?
매머드
아시아 코끼리

매머드는 몸집이 워낙 커서 동작이 느렸고, 1마리만 잡아도 고기가 굉장히 많이 나왔기 때문에 사람들의 좋은 표적이 되었어요. 그 밖에도 여러 동물들이 멸종됐지요.
아, 그때는 동물을 사냥해서 먹고 살았기 때문에 몸집이 큰 동물들이 많이 멸종되었군요.
매머드
단도이빨고양이
다윈밀로돈
메가테리움
거의 멸종될 뻔했다가 살아남은 동물도 있습니다. 대표적인 동물이 남극물개이며 대왕고래, 혹등고래, 향유고래 등 주로 몸집이 큰 고래들이지요.
그렇다면 북극에는 어떤 동물이 멸종될 뻔했나요?

해표와 북극물개가 있습니다. 이들도 가죽 때문에 무분별하게 사냥을 당하다가 현재는 보호를 받고 있지요. 또한 바다코끼리는 원주민들에게 적당한 수만을 잡게 하고 보호하여 줄어들 위험은 없습니다.
사람들이 필요에 따라 많은 사냥을 하긴 했지만, 보호하려는 노력 또한 열심히 하고 있군요.
그래요. 한 동물이 멸종하여 기존 먹이 그물에 변화가 생기면 우리에게도 많은 영향을 끼치게 되겠죠.
도도새처럼 전설 속 동물이 된다는 것도 슬픈 일이고요.

과학자 소개

다큐멘터리의 아버지, 애튼버러David Frederick Attenborough, 1926~

애튼버러는 현재 생존해 있는 방송인이자 박물학자 가운데 가장 유명하고 존경받는 인물입니다. 그는 1926년 5월 26일, 영국의 런던에서 태어났으며 캠브리지 대학교에서 지질학과 동물학을 공부했습니다.

영국 공영 방송 BBC에 입사한 그는 자연 과학을 좋아했고, 목소리가 좋아 주로 생물과 대자연 주제의 방송을 맡아 큰 인기를 얻었습니다. 1979년부터는 BBC 제작진과 〈지상의 생물〉, 〈살아있는 지구〉를, 1990년에는 〈생물의 시련〉을 제작, 방영하여 야생 동물의 생태와 성장, 적응 방법을 소개하였습니다. 이 방송은 큰 호평을 받았고, 애튼버러는 이를 통해 명성을 얻었습니다.

또한 1993년에는 남극의 생물, 1995년에는 식물, 1998년에는 새, 2002년에는 포유동물, 2005년에는 땅속 동물, 2008년에는 냉혈 동물들의 생태를 제작하고, 방영했습니다. 이것은 지상에 있는 생물들을 집대성한 것이라고 볼 수 있습니다.

2000년 이후에는 생물뿐만 아니라 지구 환경에도 관심을 기울여 '환경 변화에 따른 생물과 사람' 을 주제로 다큐멘터리를 만들었습니다. 〈지구의 현실(2000)〉, 〈환경 변화의 진실(2006)〉, 〈지구에는 얼마나 많은 사람들이 살 수 있는가?(2009)〉가 그 예입니다. 또한 2010년에는 〈생명의 기원〉을 제작했으며 현재는 극지의 생물에 관한 다큐멘터리를 준비하고 있는 것으로 알려져 있습니다.

그는 방송 제작 외에 브라질의 열대 우림과 해양에 관한 뮤지컬을 제작하여 해설을 맡기도 했으며 이러한 업적으로 1985년에 '경(Sir)' 의 칭호를 받았습니다.

또한 1970년에 영국 아카데미 시상식에서 '데스몬드 데이비스 상' 을 시작으로, 1974년에는 '대영 제국 커맨더 훈장' 을 수여받았고, 2003년에는 '마이클 패러데이상' , 2006년에는 '영국 TV 어워드 특별 공로상' 을, 2009년에는 스페인의 노벨상으로 알려진 '프린스 오브 아스투리아스상(Prince of Asturias Prize)' 등을 받았습니다.

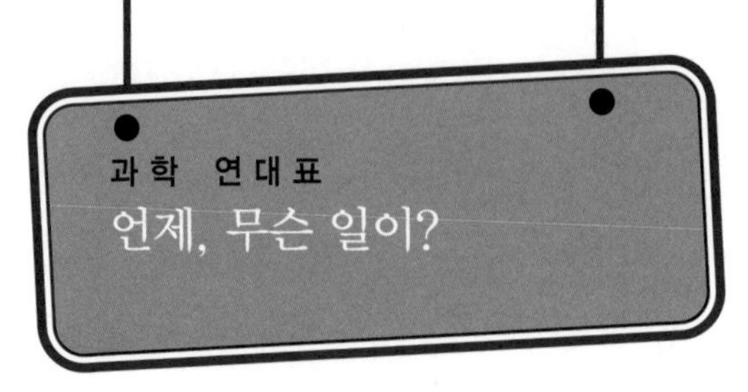
과학 연대표
언제, 무슨 일이?

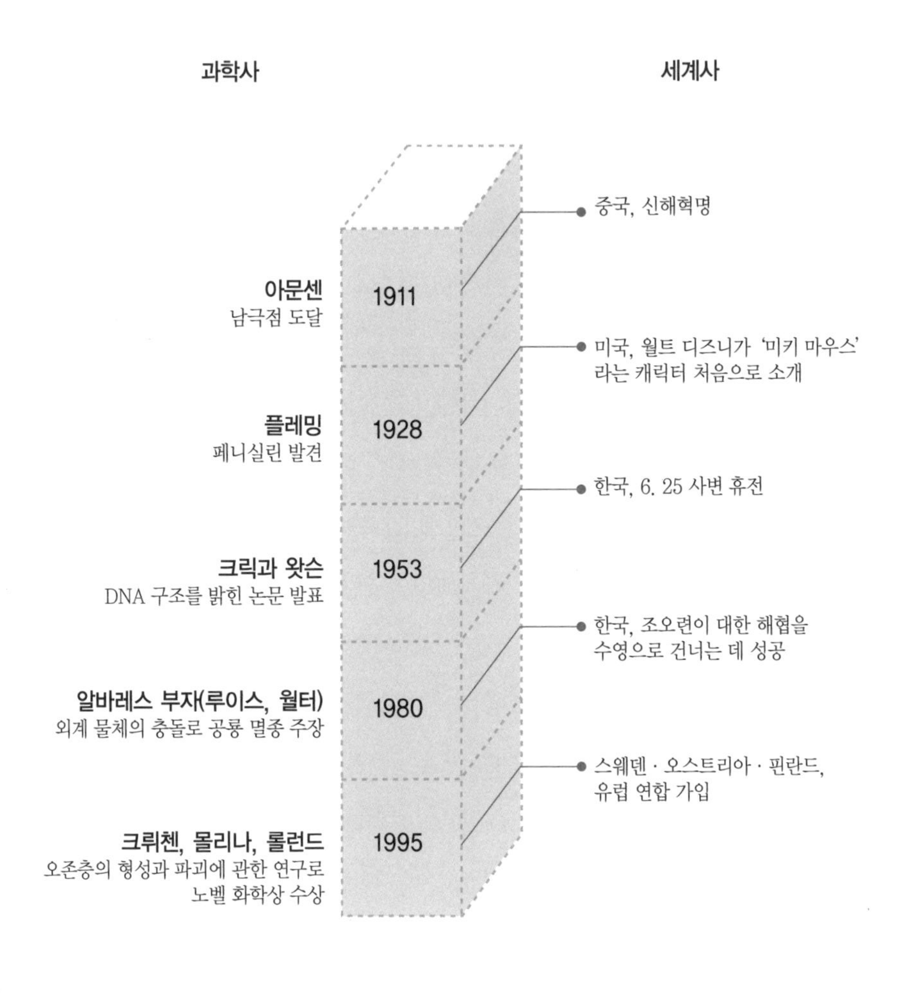
과학사
세계사
중국, 신해혁명
아문센
남극점 도달
1911
미국, 월트 디즈니가 '미키 마우스'
라는 캐릭터 처음으로 소개
플레밍
페니실린 발견
1928
한국, 6. 25 사변 휴전
크릭과 왓슨
DNA 구조를 밝힌 논문 발표
1953
한국, 조오련이 대한 해협을
수영으로 건너는 데 성공
알바레스 부자(루이스, 월터)
외계 물체의 충돌로 공룡 멸종 주장
1980
스웨덴 · 오스트리아 · 핀란드,
유럽 연합 가입
크뤼첸, 몰리나, 롤런드
오존층의 형성과 파괴에 관한 연구로
노벨 화학상 수상
1995

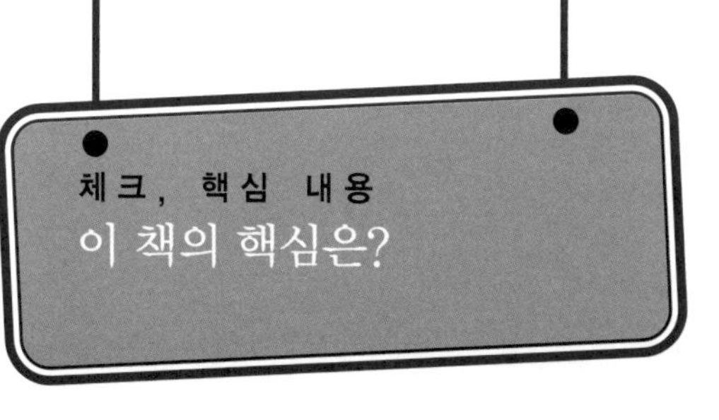

1. 남극 조약에 따르면 남극은 남위 □□°의 남쪽을 말합니다. 이는 사람이 정한 남극이며 대자연이 만든 남극도 있습니다. 즉, 남쪽의 찬 바닷물이 북쪽의 덜 찬 바닷물과 만나는 곳을 □□ □□□이라고 하는데 이 선의 남쪽을 남극으로 정합니다.
2. 남극은 바다로 둘러싸인 □□인 반면, 북극은 대륙으로 둘러싸인 □□ 입니다. 그러므로 북극에는 원주민이 있는 반면, 남극에 있는 사람들은 모두 다른 대륙에서 건너간 것입니다.
3. 남극에는 남극을 상징하는 날지 못하는 새인 □□이 있고, 북극에는 북극을 상징하는 포유동물인 □□□이 있습니다.
4. 남반구에서는 나무늘보와 같은 계통인 빈치류의 □□□□□이 1만 년 전에 멸종되었습니다.
5. 북반구의 캄차카 반도에서는 1700년대 중반에 멸종된 가장 큰 포유동물이 있는데, 유럽인으로는 그 동물을 처음 발견하고 기록한 박물학자의 이름을 따서 □□□□□라고 합니다.

1. 60, 남극 수렴선 2. 대륙, 바다 3. 펭귄, 북극곰 4. 다윈밀로돈 5. 스텔러해우

이슈, 현대 과학

극지의 개발 가능성

극지는 가기 어렵고, 재료를 채집하기도 힘들지만 극지를 연구하는 생물학자들은 극지 생물의 특성을 밝혀 우리 생활의 질을 높이려고 노력합니다.

남극의 러시아 보스토크 기지 근처의 얼음 아래에 있는 호수에는 적어도 수만 년 전에 생존했던 생물의 정보와 그 생물이 어떻게 진화해 왔는지를 밝혀 줄 타임캡슐이 숨겨져 있다고 기대하고 있습니다.

또한 미국의 맥머도 기지 주변의 드라이 밸리는 남극 대륙에서 눈과 얼음으로 덮여 있지 않은 곳 중 가장 넓은 지역입니다. 춥고 영양분이 거의 없으며 바위로 구성되어 있는 이곳에서 오랜 세월을 적응하며 진화해 온 생명체들은 우주생물학(Astrobiology) 연구의 출발점이 될 수 있습니다.

최근에는 이러한 극지 생물의 특성을 밝혀 활용하려는 시

도도 있습니다. 현재 산업적으로 이용되고 있는 저온 적응 생물 유래 신물질은 세제나 식품 가공을 위해 저온 활성 효소가 이용되는 예입니다.

극지에 사는 어류나 미세 조류, 세균 같은 미생물은 낮은 온도에 적응하기 위해 결빙 방지 단백질을 만들어 냅니다. 결빙 방지 단백질은 얼음과 결합하여 얼음 결정이 더 이상 커지는 것을 방지하는 특성을 가진 물질입니다. 따라서 이것을 식품을 저장할 때나 의약 분야의 초저온 수술, 줄기세포, 난자, 장기, 혈액의 보관 등에 이용하기 위해 노력하고 있습니다.

또한 북극해의 넙치가 생산하는 결빙 방지제는 배아줄기세포나 혈소판을 냉동 보존하는 등의 의료 산업에 쓰일 수 있습니다. 하지만 이 물질들은 극지 동물로부터 추출했기 때문에 대량 생산의 한계가 있다는 약점이 있고, 이를 해결하기 위해서는 많은 연구가 필요합니다.

이렇게 극지 생물을 연구하는 데에는 여러 가지 어려움이 있지만 노력한 것 이상의 기대 가능성이 있기 때문에 우리가 연구할 가치가 있는 것입니다.

찾아보기

어디에 어떤 내용이?

ㄱ

고래 32, 52, 120, 125

ㄴ

남극 12, 68, 76, 102
남극물개 20, 123, 127, 158
남극 수렴선 13
남극 조약 77

ㄷ

다산 기지 51, 60, 80
다윈밀로돈 152
단도이빨고양이 151
대왕고래 33, 53
도도새 144

ㅁ

매머드 151, 160
명태 56, 121
밀란코비치 원리 98
밍크고래 33, 53, 127

ㅂ

바다코끼리 48
범고래 33, 54, 129
보스토크 기지 17, 102
북극 42, 68, 76, 107
북극 진동 75
북극곰 45, 72, 114
북극물개 47, 158
빙붕 12, 74, 105
빙퇴석 106

ㅅ

세종 기지 18, 80, 104
수염고래 53, 129
쉬텔러해우 154

ㅇ

아델리펭귄 25, 112
에스키모 72
영구 동토 108
영유권 76
오로라 19, 45, 85
온실 효과 93
외래종 148
용연향 33
이빨고래 53, 129
일각고래 54

ㅈ

지의류 28, 35, 59, 136

ㅋ

코끼리해표 22, 125
크릴 34, 112, 121, 128, 133
킬링 곡선 100

ㅌ

타이라신 145, 160

ㅍ

파타고니아이빨고기 31, 121, 133
펭귄 24, 72
프랑크리니아 156

ㅎ

해표 22, 48, 124, 127, 158
핼리벗 58, 121
향유고래 33, 53, 129
혹등고래 33, 53
황제펭귄 25, 112